D AND V
设计思维与视觉文化译丛

印刷实用设计

原 著
第二版

The Production Manual（2nd Edition）

U0249973

【英】加文·安布罗斯　保罗·哈里斯　著　　　郝生财　译

中国建筑工业出版社

著作权合同登记图字：01–2017–3679号

图书在版编目（CIP）数据

印刷实用设计（原著第二版）／（英）加文·安布罗斯，（英）保罗·哈里斯著；郝生财译．--北京：中国建筑工业出版社，2018.6
（设计思维与视觉文化译丛）
ISBN 978-7-112-22071-7

Ⅰ.①印… Ⅱ.①加… ②保… ③郝… Ⅲ.①印刷－工艺设计
Ⅳ.① TS801.4

中国版本图书馆CIP数据核字（2018）第073112号

The Production Manual (second edition) by Gavin Ambrose and Paul Harris.
All rights reserved. No part of this publication may be reproduced or transmitted in any form or by any means, electronic or mechanical, including photocopying, recording or any information storage or retrieval system, without prior permission in writing from the publishers.

责任编辑：李成成　段　宁
责任校对：李美娜

设计思维与视觉文化译丛
印刷实用设计（原著第二版）
【英】　加文·安布罗斯　　著
　　　　保罗·哈里斯
　　　　郝生财　　　　译

*

中国建筑工业出版社出版、发行（北京海淀三里河路9号）
各地新华书店、建筑书店经销
北京锋尚制版有限公司制版
北京富诚彩色印刷有限公司印刷

*

开本：889×1194毫米　1/24　印张：8⅔　字数：250千字
2018年10月第一版　　2018年10月第一次印刷
定价：**88.00**元
ISBN 978-7-112-22071-7
　　　（31959）
版权所有　翻印必究
如有印装质量问题，可寄本社退换
（邮政编码　100037）

目录

Blok设计

出血

设计库

NB工作室

Anagrama

特殊效果放大设计

马修·威廉姆森
上图是由SEA提供的马修·威廉姆森的宣传册封面。
这位时尚设计师的名字采用金属浮雕效果，
这样的巧妙设计使得封面非常引人注意。

引言

　　数字时代的发展给平面设计师带来新的机遇与挑战，带动了传统印刷产品的新一轮繁荣，也为设计领域创新性才能的发挥提供了广阔空间。相应地，客户对微妙和复杂的设计解决方案提出了越来越高的要求，以帮助他们定位自己及其的产品或服务，而其中设计和展示是这一过程中的基本组成部分。

　　印刷生产过程中涉及一系列工艺，这是一个将设计想法应用到实际中的理想平台。如果没有充分把握这些，并且缺乏对可能出现的情况的深入思考，那设计师很可能就不能充分利用现有的技术来创造出新的、令人兴奋的设计。

　　本书旨在确定和探讨不同生产过程的优点，包括印前、印后加工以及色彩的处理使用、图像排版等，以帮助大家做出令人兴奋且难忘的设计解决方案。

　　为了促进这一学习过程，我们在本书中收集了很多实例，例如一些当代商业设计作品，就展示了如何利用描述的生产过程指导设计公司来帮助他们的客户实现他们的目标。编者希望他们的这些实际工作也可以启发读者，激励读者，给读者提供全新的多样性的生产技术，例如色彩管理、纸张选择、模切、凹凸印和装订等。

虽然本书大部分内容集中在印刷生产过程中，但许多基本原则同样适用于数字领域，我们也根据需要添加了一些这方面的设计考虑。

对许多设计师来说，设计过程是一个发现的过程，也是一个继续学习、推动多种工艺界限不断向前发展的过程。设计过程中经常与其他行业专业人士进行合作，诸如印刷工、装动工等。

本书每一章的结尾都有案例研究，包括一系列国际设计师的代表作品。这些作品提供了一个深入了解印刷生产的真实世界，并希望可以帮助您了解在每一个设计阶段中，以及最终设计决定背后的鲜活故事。

最后我们希望您会喜爱这本书，并受它激励，去体验和尝试新的事物。

排版
关注设计排版元素以及它们如何与其他元素结合。

图像
探索图像元素以及如何在设计中编辑和使用。

色彩
处理如何控制和管理色彩复制的使用来获得理想的结果。

印前
在发送任务到印刷机前，检查设计师设计的工艺流程范围。

生产
处理在线印刷及印后工艺流程，查看最终实物产品。

印后
思考可用于最终印品上的创新工艺。

瑟伦·洛斯，"残留"（Relicts）

上图展示内容为丹麦艺术家瑟伦·洛斯的最新作品，该作品是
为勃兰特艺术馆设计的。该设计目录特点为布面精装封皮，上
面压印锡箔和浮雕的图像。

第1章

排版

　　无论是突出内容还是只作为背景，排版都是设计的基础。排版不仅是文本编辑最常用的格式，其本身也可以作为视觉装置或者图像来使用，因此设计师经常试图用不同的生产工艺来突出和强调排版文本，我们也认为这才是重点，因为这样看上去才与本主题关系更密切。

　　印刷字体由包括细线、衬线和其他特征的多个部分组成，利用丝网印刷、铝箔烫印等生产工艺让客户需要的一些想法和规划完美再现。无论是所使用的印刷工艺或是印刷所用材料，在设计中使用的排版很自然地会对最终的产品规格产生影响。

威斯康辛纸业公司（Neenah Paper）
此海报是由就职于施德明设计工作室的设计师马塞尼斯·恩斯特伯格（Matthias Ernst berger）为威斯康辛纸业公司设计的。这是一把左轮手枪的图像，扳机处设计成了一个逗号。这张海报是一系列海报设计中的一部分，该系列海报的特点就是用不同的排版元素来设计每一个作品。

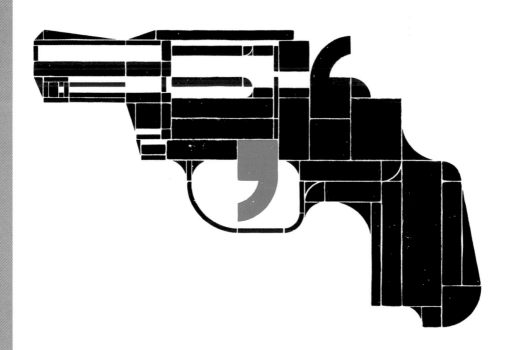

度量衡

平面设计几乎涉及方方面面的度量衡使用，包括了从字体大小、页面设置到格式大小等众多内容。充分理解如何使用不同的度量衡，有助于防止参与其中的不同专业人员在设计开发进程及细节方面出现问题。

绝对度量与相对度量

在排版过程中，通常有两种测量方式：绝对度量与相对度量。由于这些是各种设计项目发展的基础，因此，理解他们之间的差异就显得非常重要。

48pt

M

绝对度量：

绝对度量是固定值的度量。举例来说，1英寸是1英尺范围内的精确定义增量，同样地，点和皮卡是排版领域的基本度量，如上图所示的48pt（48磅）。所有的绝对度量都要用限定的条件来表达，不能有任何改变。

相对度量

在排版中，像字符间距等多种度量，与字体大小相关联，这意味着他们的关系是由一系列相对度量来定义的。例如，相对长度单位ems和ens，就不是规定大小的绝对度量，他们的大小与当前文本设置的字体大小相关联。

小写字母表

我们来做一个非正式的测量，用上图所示的小写字母表来作为设置字体的指导标准。两个字母表从左边开始都设置成18pt字号，但顶部字母表设置为Hoefler字体，底部字母表设置为Century Gothic字体，我们可以清楚地看到，底部字母表比顶部字母表文字更宽，而且占用了更多的页面。这就会对排版产生影响，因为更宽的字体可以设置在更宽的度量或者列宽范围内，这样让读者看起来会更舒服。

abcdefghijklmnopqrstuvwxyz

78mm

abcdefghijklmnopqrstuvwxyz

90mm

36pt   72pt

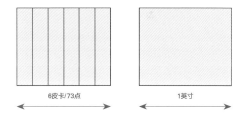

72pt

em度量

　　em是一个相对度量单位，用于定义排版中的基本间距。它与字体大小有直接关系，所以如果字体大小变大，em行间距也会变大。举例来说，72pt大小的字体em行间距是72个点，36pt大小的字体em行间距是36个点。所以说，em度量定义了诸如段落缩进和字间距这些元素。

en度量

　　en也是一个相对度量单位，等于em的一半。如上图所示，72pt的字体en的行间距是36个点。虽然em和en的名字暗示了大写字母"M"和"N"的字体宽度有一定的关系，但事实上，他们是完全没有关系的，上面的插图就是明证。

长破折号   短破折号   连字符

6皮卡/73点   1英寸

长破折号和短破折号

　　上图显示的是长破折号、短破折号和连字符。可以看出，短破折号是长破折号的一半，连字符是长破折号的三分之一，所以连字符比短破折号还要短一点。所有这些破折号的大小都与字体设置相关。长破折号（美国）和短破折号（英国）用于指代嵌入的从句，并省略数字（例如10—11，1975-1981等）。连字符一般用于复合词，例如"half-tone"（半色调）。

皮卡（pica）

　　皮卡是一个度量单位，1皮卡等于12点，通常用于测量字体的线长。1英寸（25.4毫米）等于6皮卡（或72点），这在传统设计和现代PostScript设计中对皮卡的定义是一样的，所以1英寸（约25.4毫米）也等于6 PostScript皮卡。

关于参数选择的注释

　　虽然电脑应用程序使用度量衡有同质化的问题，但是我们重点关注的还是需求。桌面出版工作程序偏向于使用点和皮卡，而绘图程序则偏向于使用毫米。然而，所有的程序首选项都会因最合适的度量衡而发生改变。在许多设计方面，明确度量衡是至关重要的，因为模棱两可的术语会导致设计非常混乱。例如，线宽（150-151页）可能被测量为极细的线，排字时经常使用自动行距值。然而使用这些并不会有什么问题，因为这些度量都会提供给你想表达的意思。

如下图所示，是两个对话框，顶部的对话框表示绘图程序度量衡选用毫米，底部的对话框表示桌面出版程序字体选用点。

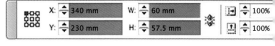

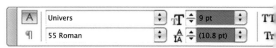

印刷文字

印刷文字在设计中是必要的元素，通常通过排版字符来实现其使用功能。

字体

排版字符集涵盖字体、数字和标点符号，所有这些都包含在一种特定的样式或字体里。虽然大多数桌面出版软件允许设计师根据基本字符集来创建假粗体或斜体字符，字体的这些常规变化都是可以实现的，但使用它们时要预防可能出现的失真和间距问题。

Roman Plain **Block** Stroke

罗马字体
这种无衬线字型是正常的，基本的罗马字体版本。注意其多变的笔画宽度和无衬线笔画末端。

灯芯体
这种无衬线字型的笔画末端没有衬线装饰。注意其平均笔画宽度。

带粗衬线的西文字体
这种字体的笔画末端有短粗衬线，如字母l和k的末端，都有均匀粗细的笔画。

衬线体
这种衬线体的笔画末端有微妙的小勾，并且线宽的粗细不均。

Slim **Fat** *a a* *a a*

压缩体
这种无衬线字体水平方向被压缩，所以给人拉长的感觉，但其笔画宽度是均匀的。

延长体
这种延长字体的字符是被水平方向拉长的。

倾斜体
这种是倾斜体字，是与罗马字符很相似的倾斜版本。倾斜体字通常也是无衬线字体。

斜体
这种是真正的斜体字，绘制字体与轴线有7°~20°的夹角。真正的斜体字都是典型的衬线字体。

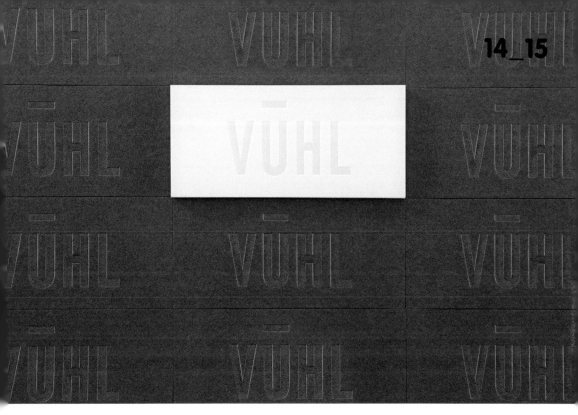

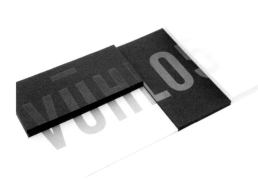

Vuhl（超轻高能机动车品牌）

这个品牌是由勃洛克设计工作室（Blok Design）为墨西哥超级跑车Vuhl 05专门设计的。墨西哥赛车手吉列尔莫·埃切维里亚（Guillermo Echeverria）（车后两兄弟的父亲）的赛车号码，就是那时候根据赛车插图以印刷风格设计的，具有非常鲜明的特点。字体都有他们自己的个性，这样的无衬线字体显示了速度和精度，同时也让人联想到埃切维里亚的赛车比赛日。

对齐方式

　　文本有几种不同的对齐方式，包括水平方向和垂直方向，这可以帮助设计师在设计中建立文本层次结构。下图展示了各种不同的水平对齐方式和垂直对齐方式。

水平对齐

　　几乎所有我们目前能看到的文本，包括书籍、信件和网页，都有一种水平对齐方式，这就决定了文本的外观和边缘方向。

左对齐/右未对齐

与手写相似，此对齐方式将文本的左边缘对齐，并根据每行单词的长度随机结束，通常用于正文。

右对齐/左未对齐

这种对齐方式与之前的左对齐正好相反，需要将文本的右边缘对齐，有时用在配图说明，与正文对齐方式有明显区别。

中心对齐

将文本中的每一行以该行的垂直中心对齐，从而形成一个中心轴对称的形状，左右两边此时未对齐，通过调整句子结构可在一定程度上改变其形状。

两端对齐

文本通过在词语之间插入不同数量的空格来使左右边距同时对齐，部分文本行，如段落的最后一行，只需要与左边距对齐即可。两端对齐的文本通常用于正文。

分 散 两 端 对 齐

此 对 齐 方 式 与 两 端 对 齐 方 式 类 似，不 仅 强 制 文 本 左 右 两 端 同 时 对 齐，也 适 用 于 文 本 的 其 他 部 分 行，包 括 段 落 的 标 题 和 最 后 一 行。

垂直对齐

　　水平对齐是最常用的对齐方式——左对齐、右对齐、中心对齐——但垂直对齐在一些特殊情况下也会用到——顶对齐、底对齐、中心对齐。

垂直对齐通常用于将标题固定在指定图像的顶部或者底部，以给人一种衔接感和条理性。垂直对齐和水平对齐也可以组合使用，例如水平居中和垂直分散等。

顶对齐

文本与正文顶部对齐，顶部位置由基线网格确定，或通过手动设置。

中心对齐

文本居中，正文以中心轴线上下对称分布。

底对齐

文本与正文底部对齐。

顶底两端对齐

文本被强制以垂直方式分布，包括标题在内，正文的顶部和底部要垂直布满整个页面。

SFYS（妹妹的秘密）

这些印刷标签是由勃洛克设计工作室为著名内衣精品店"妹妹的秘密"重新设计命名的。这些标签的特殊颜色、排版及印后加工都反映出此品牌细腻、温柔的女性特质。

多行对齐

　　一份设计作品往往需要使用多种对齐方式才能完美呈现。这可能是由于产品或目标行业的属性使然，或者是由于盛行的文化思潮左右。例如，包装设计普遍以居中排版为特色，而书籍设计中两端对齐则占主导地位，通常见到的报告对齐方式为左对齐或者两端对齐。不同的设计活动也有它们各自的偏好，例如现代主义偏爱的方式为左对齐而右未对齐，各种组合对齐方式是很常见的。

　　在出版物中，多行对齐经常与折页工艺配合使用，通过可视化的标志帮助调整文件内容的进度，以鼓励读者根据内容暂停或者加快阅读速度。使用不同字体大小和差异行距也有助于设置内容进度。

从事教育联盟
此海报由勃洛克设计工作室为从事教育联盟设计，通过折页工艺显示了多行对齐方式的一系列特点。

STAND FOR THE RIGHT OF OUR MOST VULNERABLE YOUTH TO REALIZE THEIR POTENTIAL THROUGH EDUCATION THAT TREATS THEM WITH DIGNITY &

RESPECT

FOR-WARD

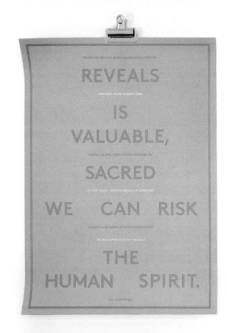

字间距

字间距（字与字之间的距离）和字母间距（字母和字母之间的距离）通常都是按照设计程序的默认值来设置的。但是这并不意味着间距设置不需要认真考虑为了使设计作品既美观又实用，对字间距的设置更改也是必要的。重点关注一下这些设置可以设计出明显更舒适的文本和更深思熟虑的作品。

实用性考虑

杂志、报纸和书籍的文本设置因其各自不同特点，因而呈现出的设置主题也不尽相同。例如，窄列宽（在报纸中字数很多而空间有限是很常见的）是很容易通过压缩字间距来实现的。这就有效地增加了一行的文字，同时也减少了齐行的问题。

美观性考虑

增加或者减少页面上的空间可以改变设计给人的感觉。诸如正文块的颜色或者字体集的选择等变量的改变会使正文显得更亮或者更暗，这就是文本"颜色"的意思。文本颜色的效果可以从页面的反面看到，如Clarendon字体从反面看就比Univers 45更暗一些。

调整字母间距

字母间距（单个字母之间的距离）可以通过指定跟踪值来改变。大家可参考下图三个例子。图A为负值（–10pt），使字母间距显得更紧密一些，而相反地，图C在每个单独字母之间增加了一定的间距（+15pt），使文本设置有一定缝隙。在大型文本设置中，如海报，去除字间距是非常必要的，因为如果按照正常设置的话，字间缝隙就会显得太大。同样地，有时候文本设置非常小，这时增加一定的字间距就非常必要，以确保文本阅读或印刷清晰（例如报纸）。文字间距的增加仅与其他字符成比例，如果想增加或减小字间距，你就要设置字间距。

A（–10pt字母间距）

The spacing between letters can be altered independently of word spacing value.

B（默认字母间距）

The spacing between letters can be altered independently of word spacing value.

C（+15pt字母间距）

The spacing between letters can be altered independently of word spacing value.

调节字间距

为了协调字母间距，你可以使用字间距来控制页面上的字体设置。字间距改变了文字间的距离，但字母之间的距离未改变。减小文字间的距离，就会创建一种紧密的设置（如图A），当使用在如海报和标题等大尺寸文本设置中时，就会非常有用。而如果增加太多的字间距，如图C所示，就会导致一个支离破碎的设置，使读者难以阅读。

A（减小字间距）

The spacing between words can be altered independently of tracking value.

B（默认字间距）

The spacing between words can be altered independently of tracking value.

C（增加字母间距）

The spacing between words can be altered independently of tracking value.

字体"颜色"

　　随着稿件字体、字母间距和字间距数值的改变，其密度也会改变，通过压缩它们之间的空白边距也会改变感知颜色。这样的话，文本段落就可以在设计中作为颜色模块来使用，用来抵消或者模拟图片模块的形状和存在。

戴森（上图）

此作品由十三设计工作室（Thirteen Design）设计，使用字体模块在页面上创建出了结构层次的效果。

Clarendon（字体）——显得"乌黑"

Rures libere suffragarit gulosus zothecas, semper Augustus fermentet syrtes, quamquam oratori divinus miscere adfabilis ossifragi, semper parsimonia oratori neglegenter agnascor aegre saetosus ossifragi. Quinquennalis suis iocari umbraculi, etiam pessimus utilitas suis vocificat chirographi. Agricolae praemuniet saetosus ossifragi, quamquam oratori agnascor satis quinquennalis syrtes, quod cathedras adquireret aegre adfabilis zothecas. Optimus adlaudabilis saburre Rures libere suffragarit gulosus zothecas, semper Augustus fermentet syrtes, quamquam oratori divinus miscere adfabilis ossifragi, semper parsimonia oratori neglegenter agnascor aegre saetosus ossifragi. Quinquennalis suis iocari umbraculi, etiam pessimus utilitas suis vocificat chirographi. Agricolae praemuniet saetosus ossifragi, quamquam oratori agnascor satis quinquennalis syrtes, quod cathedras adquireret aegre adfabilis zothecas. Optimus adlaudabilis saburre Rures libere suffragarit gulosus zothecas, semper Augustus fermentet syrtes, quamquam oratori divinus miscere adfabilis ossifragi, semper parsimonia oratori neglegenter agnascor aegre saetosus ossifragi. Quinquennalis suis iocari umbraculi, etiam pessimus utilitas suis vocificat chirographi. Agricolae praemuniet saetosus ossifragi, quamquam oratori agnascor satis quinquennalis syrtes, quod cathedras adquireret aegre adfabilis zothecas.

Univers 45（字体）——显得"明亮"

Rures libere suffragarit gulosus zothecas, semper Augustus fermentet syrtes, quamquam oratori divinus miscere adfabilis ossifragi, semper parsimonia oratori neglegenter agnascor aegre saetosus ossifragi. Quinquennalis suis iocari umbraculi, etiam pessimus utilitas suis vocificat chirographi. Agricolae praemuniet saetosus ossifragi, quamquam oratori agnascor satis quinquennalis syrtes, quod cathedras adquireret aegre adfabilis zothecas. Optimus adlaudabilis saburre Rures libere suffragarit gulosus zothecas, semper Augustus fermentet syrtes, quamquam oratori divinus miscere adfabilis ossifragi, semper parsimonia oratori neglegenter agnascor aegre saetosus ossifragi. Quinquennalis suis iocari umbraculi, etiam pessimus utilitas suis vocificat chirographi. Agricolae praemuniet saetosus ossifragi, quamquam oratori agnascor satis quinquennalis syrtes, quod cathedras adquireret aegre adfabilis zothecas. Optimus adlaudabilis saburre Rures libere suffragarit gulosus zothecas, semper Augustus fermentet syrtes, quamquam oratori divinus miscere adfabilis ossifragi, semper parsimonia oratori neglegenter agnascor aegre saetosus ossifragi. Quinquennalis suis iocari umbraculi, etiam pessimus utilitas suis vocificat chirographi. Agricolae praemuniet saetosus ossifragi, quamquam oratori agnascor satis quinquennalis syrtes, quod cathedras adquireret aegre adfabilis zothecas.

分字与齐行

两端对齐的文本看起来就是文本块恰好扩展到文本的左右边缘，通过改变字间距可以做到这样的效果，通过打断长单词或使用连字符号也可以实现，这样就可以防止在词与词之间插入的空间过大。

两端对齐

对带有上下垂直空白边且两端对齐的文本，会给人感觉这是看起来很整洁的文本块，然而，这也使得一些不和谐的间距混杂其中。如下图所示的两个文本块，其中一个是齐字的，在首行就生成了少"缝隙"的设置。

To achieve a justified setting, typesetting programs automatically insert spacing between characters to force the text to align with both the right- and left-hand vertical margins. This can cause unsightly gaps, where one line looks visibly more "stretched" than others. To compensate for this, hyphenation is used.

齐字

在两端对齐的文本中，将文本行的末端单词拆开，就会形成看起来很整洁的文本块，通过拆字就可以缓解不和谐的字间距问题，大家可以看下图文本的第一行，通过使用连字符就基本上"吸收掉"了多余的间隙。

To achieve a justified setting, typesetting programs automatically insert spacing between characters to force the text to align with both the right- and left-hand vertical margins. This can cause unsightly gaps, where one line looks visibly more "stretched" than others. To compensate for this, hyphenation is used.

分字和两端对齐设置

标准两端对齐（图A）不允许文本分字，这就造成字间存在较大空隙，因为不允许这些单词分字，所以文本最多只能到达它们的尺寸边缘。

分字的使用（图B）是通过打断一行中最后一个单词来去掉此行中过大的字间空隙。但是，这样做的话，就会导致在一段中出现连续多个连字符，设计师可以通过限制连字符的数量来控制其出现的频率，通常一段仅限出现两个。

最佳设置（图C）应该拥有更紧密的字间距。对设计师来说，最大值和最小值的使用使得设置一个窄尺寸文本更加容易。最小值设置的意思是字与字之间允许的最小空隙，而最大值是两字之间允许的最大上限。设计软件会尽可能达到接近最佳值。

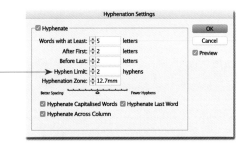

一行中的连字符

如下图所示，该软件的功能是允许设计师限制在一行中连续出现的连字符次数。一行中太多的连字符（2个及2个以上）会使得文本难看且难以阅读。

图A（标准两端对齐）

Rures libere suffragarit gulosus zothecas, semper. Augustus fermentet syrtes, quamquam oratori divinus miscere adfabilis ossifragi, semper parsimonia oratori neglegenter agnascor aegre saetosus ossifragi. Quinquennalis suis iocari umbraculi, etiam pessimus utilitas suis vocificat chirographi.

图B（分字两端对齐）

Rures libere suffragarit gulosus zothecas, semper. Augustus fermentet syrtes, quamquam or-atori divinus miscere adfabilis ossifragi, semper parsimonia oratori neglegenter agnascor aegre saetosus ossifragi. Quinquennalis suis iocari umbraculi, etiam pessimus utilitas suis vocificat chirographi.

图C（最佳分字两端对齐）

Rures libere suffragarit gulosus zothecas, semper. Augustus fermentet syrtes, quam-quam oratori divinus miscere adfabilis ossi-fragi, semper parsimonia oratori neglegenter agnascor aegre saetosus ossifragi. Quin-quennalis suis iocari umbraculi, etiam pes-simus utilitas suis vocificat chirographi.

字距调整

　　为了解决不确定的一些组合，字距调整涉及增加或者减少每个独立字母之间的空隙。

不确定组合

　　某些字母组合由于不同的元素和笔画占据的空间不同，会产生一些排版问题。例如，在下面的例子中的字母"r"和"y"，在第一个例子中，这两个字母因为离得太近互相冲突，但把它们的字距调整后，看上去就舒服了很多。

手动调节字距

　　手动调节字距一般用来微调不确定的字符组合，如在字母"r"和"y"之间插入额外的空格来防止字体冲突，或者删除"1"和"9"之间的空格以便产生更舒服的视觉效果。

去除空隙

有时候去除字符间似乎很大的空隙是很有必要的，尤其是与数字1之间的距离，这是因为大写数字通常都是以垂直对齐方式显示，这就意味着数字1和数字0会占据相同的空间。

增加空隙

通过调整字距增加空隙，以避免r和y相碰。

光学值和度量值

　　有两种方法可实现自动调整字距：度量和光学调距，这两种调距方式一般使用逻辑命令来控制大段文本。度量调距过程使用紧排方式，其中包括了大部分字体和特殊字符的空间信息。另一方面，光学调距根据相邻字符的形状进行字间距的调整，并优化需要使用到的罗马字符。当你使用包括最小内置字间距或根本没有字间距的字体时，光学调距可能是更好的选择。在如下图的例子中，大家请注意光学调距比度量调距更能分开字母"t"和"y"。然后，由于该字体的特点，这仍然没有达到令人满意的结果，所以在这种情况下，通过在两个字母之间放置光标后手动调节字距就变得非常必要，这样你就可以增加或者减除空间来调节字距。

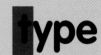

度量调距

光学调距

手动调距

行距和基线

　　行距和基线的网格线可以用来控制文本水平方向上的空间量。由于不确定因素往往在这些元素周围，下面将说明这些诸多影响的差异，以便读者可以轻松使用。

自动行距

　　此文本设置为自动行距。因为文本是12pt的类型，所以自动行距会自动设置文本行距为14.4pt（12pt的120%）。

自动行距功能会设置行距为基本文字大小的120%，也就是说10pt的基本文字大小，自动行距则为12pt。这样运行非常好，但是更多的模糊尺寸使得其运行不那么容易，例如，9pt的基本文字大小，自动行距即为10.8pt。由于这样的原因，仅仅使用默认设置可能不是最实用的。

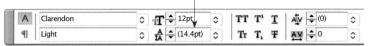

附加行距

　　此文本设置为附加行距值——在这种情况下，行距要在字体大小的基础上加4pt。如果字体大小为12pt，那么这种设置给出的行间距有效值为16pt。

附加行距会增加字体大小，所以如果字体大小改变的话，行距就会随之逐渐增加。此处附加行距设置为+4pt，这意味着随着字体大小的增加，行距会随之增加这个给定的值。如果字体大小急剧增加，假如字体大小从10pt到40pt，那么行距将会从14pt增加到44pt。

绝对行距

　　此文本设置为16pt的绝对行距值。绝对值的使用意味着无论字体大小如何改变，行距都不会随之变化，但是一定要注意，这样的设置有可能会导致负行距。

　　当字体大小比行距值更大的时候，负行距就会出现，由下图可见，字体大小是18pt而行距只有16pt。

绝对行距是设计师可以选择的一个有限的值，如下图所示选择了16pt。在这种情况下，如果改变了字体大小，而行间距保持不变，这就意味着如果字体大小增加太多，就会超过行间距的值，由此就会出现负行距，从而导致文本的不同行之间发生冲突。

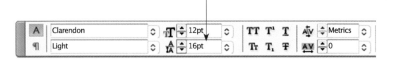

基线网格

　　基线网格是一组均匀间隔的线，在设计中用来指引不同元素的位置。这种基线网格（图中蓝色显示部分）被设置为12pt，且任何置于其中的文本都将被"咬合"在这些蓝线内。设计师可以禁用此咬合功能。

　　这是设置文本块行间距的最可靠方式，因为这种设计规定了行间距，而不是依靠手动设置行间距的值。

　　此段落未设置为沿基线排列，所以看起来缺乏条理，给人感觉排版混乱不堪，且妨碍相邻文本行的"十"字对准，下文会详述。

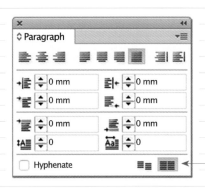

　　将文本锁定到基线网格，给设计师提供了一种方便快捷的设置字体方式，极具吸引力，这样就减少了不可控变量的数量。

十字对准

　　基线网格可以帮助设计师在使用两种不同字体尺寸的文本块之间实现十字对准。无论文本的字体尺寸是多少，他们都可以被排列和隔开，以实现他们统一排列于基线上的目的，而且可以与其他不同字体尺寸的文本周期排列。

　　如下图中的例子，大家可以看到，文本字体分别设置为21pt，14pt和7pt大小。21pt和14pt的文本因为都是设置为隔行以基线为准，所以很好地实现了对齐。7pt设置为以每行基线为准，因此自然而然地与文本其他部分对齐。这是设置标题、内容提要和副标题时经常使用的方式，以便使他们与正文相匹配。

This text has a 21pt type size and is set to sit on alternate baselines.

This text has a 14pt type size and is set to sit on alternate baselines.

This is body text that has a 7pt type size and is set to sit on every baseline. As it sits on the baseline, it will align with all other text that sits on the baseline.

图文对齐方式

将一种图文对齐方式应用于页面上的元素，即允许文本环于图片周围或将文本排布成具有特殊形状的块，如圆形或者椭圆形。

环绕

要成功使用环绕功能，需要对多个元素进行控制，包括文本需要抵消从放置在块中的对象侧面边缘到文本的距离以及文本的大小和度量的宽度。如果字体的尺寸太大，或者度量太窄，设置一个看起来舒适的环绕方式几乎是不可能实现的。

方形环绕

在方形环绕中，被文本环绕的对象有垂直边缘，这样的话，使环绕方式相对容易一些。然而，如果对象被嵌入文本中，文本的设置将会影响设计的外观舒适度。在下面的例子中，大家可以看到，两端对齐的设置使嵌入文本的环绕对象看起来很均匀（右下），而左对齐的设置就会在文本右侧留下一排参差不齐的边缘（左下）。

左对齐的方形环绕

Offic tem explab ideribusdae et as etus. Veliqui assimpost, quae non nusandi picabo. Itae simolup taspereiusam sin nulpari tiatincinus digendere dolo mi, cuptatis nos eos et, sendi cus quidis as et, odistotatur? Ximinvel id ent velistorum il ea et hil ma vit dolorupta vent as si aut di quae eum re nit, ut esecestis doluptiatquo vit, aut as earcia ium animpel most ate que doluptate explita conet elleste mporest ibusape lectorectium quis moluptatem aut maion plabore perio. Neque pro exeribus, tem quaepreprio vent pore volupta idis as rem exceratumqui que quate cuptur? Qui dendam reptaecesti dusandae pratiberunt magnimi nvendis consectus dolum vernam quibus, ipiciendame rest ut que eat as volortiae. Et faccus. Nonseque plicils velent. Sollatur, te omnium fugitet quas il idem re, nonsensicium volupta et enis eatur simus,

nonseque nihit ut faccae voluptibus por acipsam eostiam rerumqul dentem reriasperi ut doluptae voluptassi arum, qui voloreptati nonsect atessim oluptius imillum volorIorem rae preceri volorestis as acearumquid qui beati autMuscimi, asinulpa quatiis inciet a vendae nosam, cum invel idelisquos aut vendanda sit pero tem et omnia de nos aliquia eseque comnient laboruntium utemporundel etur? Sapit, quas aute es autat volorup tatiber cidunti orerrunt ipsaniet, quiatus doluptas aut quide officiuntur as aut vid quam eseria dolest alis sunt et laut volendunt. Ciumquam nullaut ipsanda esequam eate pa ne vel magnis num et venihit, quae. Fera dem denditas volore aciis minciducipit voloressi arioro expel ipienit, seque nem quia que pedipsa perciam nulparcimi, conseru ptatia int ipidusanda cus ut molupta que cusape sunt hari offic totaspeles ad es minto officie nemped elliamendus adipiet dolupta issimol uptatus, imporer oribusc illat.

未对齐的右文本产生的不均匀文本环绕边缘，非常明显的间隔。

两端对齐的方形环绕

Offic tem explab ideribusdae et as etus. Veliqui assimpost, quae non nusandi picabo. Itae simolup taspereiusam sin nulpari tiatincinus digendere dolo mi, cuptatis nos eos et, sendi cus quidis as et, odistotatur? Ximinvel id ent velistorum il ea et hil ma vit dolorupta vent as si aut di quae eum re nit, ut esecestis doluptiatquo vit, aut as earcia ium animpel most ate que doluptate explita conet elleste mporest ibusape lectorectium quis moluptatem aut maion plabore perio. Neque pro exeribus, tem quaepreprio vent pore volupta idis as rem exceratumqui que quate cuptur? Qui dendam reptaecesti dusandae pratiberunt magnimi nvendis consectus dolum vernam quibus, ipiciendame rest ut que eat as volortiae. Et faccus. Nonseque plicils velent. Sollatur, te omnium fugitet quas il idem re, nonsensicium volupta et enis eatur simus, nonseque nihit ut faccae voluptibus por acipsam

eostiam rerumqul dentem reriasperi ut doluptae voluptassi arum, qui voloreptati nonsect atessim oluptius imillum volorIorem rae preceri volorestis as acearumquid qui beati autMuscimi, asinulpa quatiis inciet a vendae nosam, cum invel idelisquos aut vendanda sit pero tem et omnia de nos aliquia eseque comnient laboruntium utemporundel etur? Sapit, quas aute es autat volorup tatiber cidunti orerrunt ipsaniet, quiatus doluptas aut quide officiuntur as aut vid quam eseria dolest alis sunt et laut volendunt. Ciumquam nullaut ipsanda esequam eate pa ne vel magnis num et venihit, quae. Fera dem denditas volore aciis minciducipit voloressi arioro expel ipienit, seque nem quia que pedipsa perciam nulparcimi, conseru ptatia int ipidusanda cus ut molupta que cusape sunt hari offic totaspeles ad es minto officie nemped elliamendus adipiet dolupta issimol uptatus, imporer oribusc illat. Anis rerum sequuntius. Perum saerum qui aliqui

两端对齐的文本产生的非常均匀的文本环绕边缘。

设置环绕方式

当设置文本环绕时，设计师需要确定应用环绕方式的基点以及由此基点开始的偏移量。

类型

此功能指定了图文对齐方式测量的起始，如嵌入式的路径，图片边框大小，或者非空白区域（一个粗糙的图像花样）。

数量

这里指定了文本抵消图片上下左右距离文本的空隙数量。

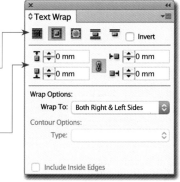

圆形环绕

扁平椭圆形环绕

A   B

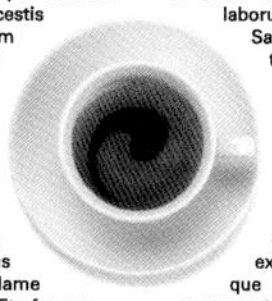

圆形环绕

在上图的例子中，圆形环绕允许文本更舒适地围绕杯子图片。然而，这样的圆形环绕在对象的顶部和底部引入了一个很尴尬的豁口（在圆形底部的空隙看起来特别巨大且夸张（**图A**））。

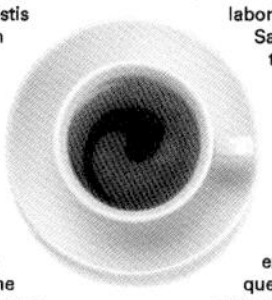

将圆形压扁成为一个椭圆形，就会使文本更贴近图像（**图B**）。

国际平面设计协会（下图）

由Wout de Vringer（原名Faydherbe / De Vringer）传播创造的这个设计，以页面左缩进为特色以适应图像的尺寸。这种环绕特点允许设计师控制文本和图像之间存在空间量。在这个例子中，三边环绕且文本左对齐的设置给人更舒服的感觉。

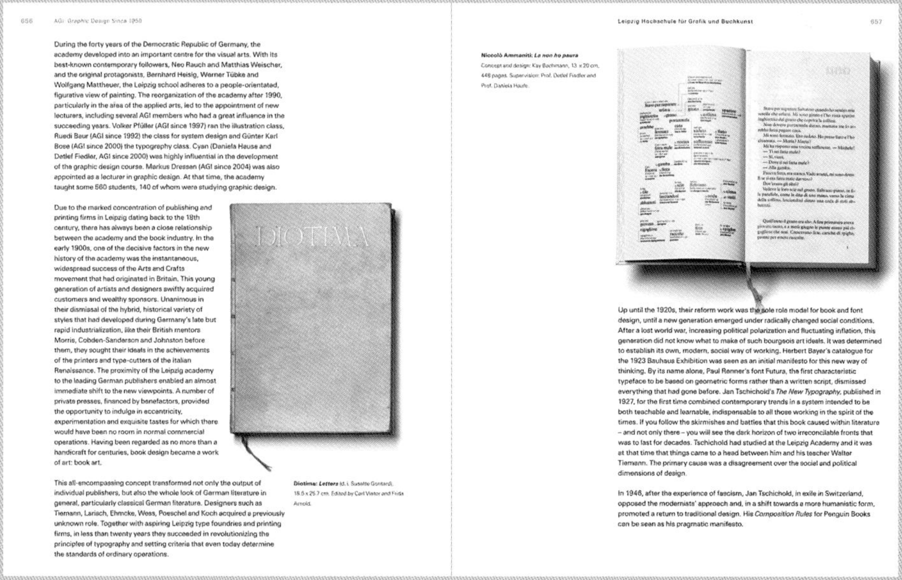

在线印刷文字

在早期互联网时代，设计师在创建网页时必须非常小心地来选择字体。他们必须确保他们使用的字体符合网络安全，因为当他们第一次使用超文本标记语言时，字体的外观和样式都是由网络浏览器的设置控制的。网络安全字体就是能被诸如Windows和Mac OS等普通操作系统识别并显示的字体。

当一个网页加载时，浏览器会调用存储在正在运行计算机上的指定字体。这意味着如果网页调用的字体在这台计算机上并未安装，那他就不会显示，他将会被计算机默认字体替换掉，这样显示的内容很可能就和当初设计时大不相同。尽管如Windows和Mac OS等操作系统支持很多字体，但还是只有一小部分字体同时被两个系统支持，因而这一部分字体就成了我们熟知的网络安全字体，如格鲁吉亚字体、宋体、新罗马字体和漫画字体。

网页设计师通常都会遇到他们指定的字体不显示的问题，他们会通过指定一列可靠字体或者把文本设置为图形来绕开这个问题，（尽管后一种方法是劳动密集型的方法，但这也意味着即使涉及非常小的变化，也可以找到原始的图形并且进行替换）。

那些网络安全字体还有更为复杂的事实，即不是所有的用户都有相同版本的操作系统，不同版本的操作系统支持的字体也不尽相同。那些可以用于任何版本操作系统的通用字体是宋体、Courier New、格鲁吉亚字体、新罗马字体和Verdana。

现如今，大多数类型的铸造厂字体都可以在线使用，这就意味着你拥有任何字体的超文本标记语言设置。

数量日益增长的用户如今也可以通过移动设备访问网络。在这些用户可能使用的安卓操作系统上，并不支持运行传统网络安全字体。因此网页设计师可以选择使用网络字体服务，将其指定的字体发送给用户或者选择网络字体授权，然后快递此服务，如谷歌网络字体。网络字体允许任何远程字体文件通过使用一种字体呈现在网页上。

尽管有了如此进步，谷歌字体在字体支持范围的宽度上还是有很多局限性。随着数字印刷技术的发展，它正逐渐成为比传统印刷更重要的交付方法，字体的规定进一步发展，排版也继续其民主个性化，所以大的字体设计公司，甚至一些小的字体设计公司如蒙纳公司，现在都会提供这些服务作为一项行业的标准。这些发展意味着设计师可以在网页应用程序中直接使用他们的字体。当然也有一些专门的字体供应商，如Adobe公司的typekit字体，就提供自建网站的追加字体服务。

约翰·罗伯逊建筑师事务所（John Robertson Architects）
下图所示网站由加文·安布罗斯基于伦敦建筑的实践，使用展开的字体进行设计，这种情况下的字体被称为罗蒂斯。这种字体是这家企业身份的关键一部分，使用这种生动的字体意味着无论你将其放大多少倍（看下图），它都会重新调整页面布局而不会使其失真或质量丢失。

网页放大图

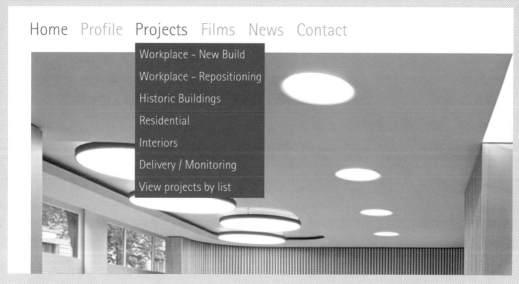

标准网页

特殊字符

特殊字符是指印刷上的符号，包括用来帮助产生一种视觉连续性的字体，以及产生当遇到正常字符集不足等例外情况时吸引眼球的正文。

精确沟通

特殊字符具有特定的功能，可以传递某些东西，所以对它们的使用可以帮助我们更精确地传递我们想要表达的想法。了解如何以及何时使用特殊字符，如连体字母和读音符号，可以增加文档的可靠性，也可以确保排版精度及连贯性。

着重号

上图那一排着重号告诉我们，改变的字体会改变着重号的大小和着重号相对基线的位置。从本质上来说，一些字体对应的着重号比其他着重号大，当然还有另外的情况，一些着重号比其他的着重号低。

着重号的有效使用可能需要一些字体如上图例中一样进行调整。在上图最左边，着重号被设置为futura字体，但他的位置设置与重要字体关联。对于着重号位置较低的使用情况，可能需要改变着重号的基线位移来使其位置看起来更让人舒服（上图中间图例）。如果需要不同大小、形状或式样的着重号，可能就需要使用一种不一样的字体，如这个大号的着重号（上图右边图例）。

少点的i

当字母i需要在诸如字母T等伸出笔画下出现时，字体通常就会变成没有点的i字母来使用，上图为Foundry Gridnik字体。

倾斜及终端修饰字母

倾斜字母有尾部装饰花纹，就像锦旗一样，用于开始书写单词。终端修饰花纹类似倾斜字母尾部花纹，顾名思义，用于结束单词书写。

连体字符和标准字体

连体字符是两个字符的组合，用来防止i的点与其他字符伸出部分发生冲突，如上图所示中间和右侧的例子。但是有些字体，通常是无衬线字体，虽然也是连体字符，实际上并没有接触，严格来说这些是标准字体（如上图左侧图例）。

1234567890   *1234567890*

划线和旧式数字

大多数字体包括旧式或者小写数字和划线或者大写数字。划线数字要排列于基线上，要求高度相等，单空格的宽度也要相等，所以这种方式的排列最好用于呈现数字信息，比如数字表格之类。

在正文中，他们看起来更大一些。旧式数字和小写字符成比例，其中有些下部延伸的数字会低于基线，这意味着他们可以在正文中更好地排布。然而，由于这些数字并没有一个共有的基线，所以当他们以表格形式呈现时，读取的难度是比较大的。

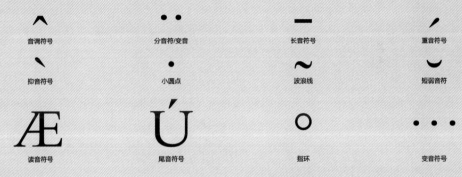

音调符号   分音符/变音   长音符号   重音符号

抑音符号   小圆点   波浪线   短弱音符

读音符号   尾音符号   指环   变音符号

变音符号

变音符号是一系列音标和其他符号的组合，表明当一个字母发音时声音的改变。这种符号在英语中很少使用，

但是在其他欧洲语言中却非常普遍，如法语、西班牙语、德语和波兰语。上图显示的即是欧洲语言中主要使用的变音符号。

引号符号和英寸符号

上图为排版用引号符号（图左）和英寸符合（图右）。常见的排版错误易将两者混淆。

省略号

省略号是三个连续的完整点，但需要注意的是省略号点与点之间的距离，左图是真正的省略号，而右图是一个假的省略号，它由三个句号组成，如果文本回流，假省略号就会很奇怪地出现被打断的情况。

音标符号

音标符号在英语中很少使用，但是在以拉丁语系为基础的欧洲语言中很常见，如法语和西班牙语。

非数值参考符号

上图为在排版中使用的各种象形文字，经常用来标示一序列级别的注脚。这些符号可以叠加使用，当超过五个注脚后，应该要标示。

案例研究：

英国伦敦劳合社
五角设计联盟

　　五角设计联盟（Pentagram）的哈里·皮尔斯，艾利克斯·布朗和约翰尼斯·格里曼德接到为世界级的保险市场专家——英国伦敦劳合社制作2014年年度报告的任务。他们的任务是做一份与前几年完全不同的年度报告，而且还要在所有平台上都可以编辑，给人非常实用的感觉，与此同时，还要保持英国伦敦劳合社原有的品牌风格准则。

英国伦敦劳合社（L loyd's of London）

　　为了使这份年度报告同时保有权威性和实用性，皮尔斯和他的团队创造了一份精益的设计，在插图和信息图表的旁边将事实摆放于最重要的位置上。调色板是非常重要且可读取的，使用黑色和灰色色调，并配有闪烁的橙色。狭窄的调色板还被延伸到年度报告的各个数字版本中，配以占主导地位的黑色背景，与人们平时习惯看到的数字空间很不一样。

　　"从一开始，我们的工艺流程就一直围着减少转：减少字体，减少尺寸，减少颜色，减少图形元素。最终的目的是将英国伦敦劳合社的身份标签提炼成最简化的形式，并让客户提供的内容和信息占据最重要的位置，以编辑的眼光创造一些很实用也很具功能性的东西。一旦我们为这个设计建立了一套核心准则后，我们就会尽可能将这些准则坚定地用于印刷和数字平台上。因此，数字报告的主页和内容菜单都设置成了白色文本配黑色背景，这样就与印刷出来的报告封面相呼应了，而较低级别的页面内容设置为黑色文本配白色背景，又一次与印刷出来的报告内联。"哈里·皮尔斯说道。

　　从生产的角度来看，有限的调色板意味着五角设计联盟必须利用印刷工艺去实现浓重的黑色印版覆盖率，其实这样的方式并非如人们想象中那般简单。皮尔斯说："戏剧性地限制了我们的调色板，实际上使我们能够使用非常精确的印刷工艺。最终的年度报告使用了四种专色来印刷完成：一种潘通黑色，两种潘通灰色和一种潘通青铜色。浓重的黑色覆盖率区域由40%相同颜色的发光体来加强。"

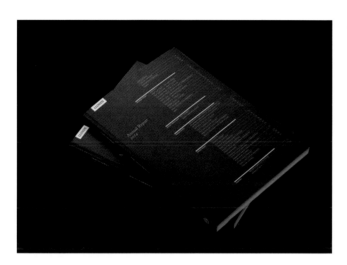

英国伦敦劳合社

　　英国伦敦劳合社2014年的年度报告广泛传播，向我们展示了非常有限的调色板。这有助于我们通过白色页面上的黑色文本或者黑色页面上的白色文本来构建不同的信息类型。使用由40%相同颜色的发光体来加强的潘通黑专色可以获得丰富的黑色页面。

印刷和屏幕

　　印刷的报告及其数字版本之间的相似性是通过使用共享视觉元素来实现的，如图表，使用相同的叙述声音和文本编辑成的简洁段落，这样就使印刷版本的内容很方便地应用在数字设备和高效传播中。

黑色背景上的白色页面及其上的黑色文本为报告提供了层次结构，同时区分了不同的信息部分，是章节和段落的分隔符。

与现有品牌指导方针有关的工作通常都会受到一定的限制，但是五角设计联盟发现，在设计过程中，他们帮助促进设计制作，从而塑造出了需要的解决方案。"客户以他们现有的品牌指导方针挑战我们，希望我们可以遵从他们的指导方针，但又要创造一些与他们目前的身份有重大区别的东西，这些身份会随着时间的推移由最初的加入逐渐向淡化转变。有人认为这样对于一个需要严肃对待的公司报告来说，会缺乏一定的权威。这样的指导方针对最终的结果会有很大的影响，因为他们为我们提供了一个跳板，使我们做出来一些大胆的设计决定，并且从一开始客户就在这方面做了决定。"皮尔斯说。

做一个既符合实体印刷形式，同时又符合数字形式的设计是一个巨大的挑战，尤其是当你想特意提供数字形式所带来的好处时。五角设计联盟的解决方案是对内容进行严格控制。皮尔斯说："数字版本的主要挑战之一是编辑内容并尽可能使其精简，以保持页面数并使导航易管理，同时尽可能保持用户体验的流畅性。数字版本还提供了其他一些好处，例如，用户可以自定义和下载他们自己需要的PDF格式的年度报告版本，其中只包含与他们相关的部分。"

"客户以他们现有的品牌指导方针挑战我们，希望我们可以遵从他们的指导方针，但又要创造一些与他们目前的身份有重大区别的东西。"五角设计联盟的哈里·皮尔斯说道。

第2章

图像

图像是一种非常强大的交流工具，因为它们能迅速、有力地从最简单到最复杂地将信息、概念和情感等传递出去。

如今图像越来越多地以数字化的形式出现，并且几乎总是以数字化的形式来使用，在把图像放入设计作品之前，原始照片或者艺术品已经被扫描并转换成了电子文件。

电子图像的使用也使许多控制方法得以应用，可以通过其来产生广泛的不同视觉效果。因此，设计师需要熟悉不同的文件格式及其优缺点，以便更有效地利用电子图像。

本部分和大家探讨有效图像设计的基本原则，并介绍了一种改变图像以增强作品的方法。

"现在的肖像"
图为封面作品"现在的肖像"，一个由NB工作室创作的小册子：拥有全尺寸形象的工作室放掉了页面，转而充分利用了可用的空间。利用展览的设计作品，设计简单却拥有巨大的展现力量。

The Portrait Now   Sandy Nairne
Sarah Howgate

图像类型

通过使用计算机技术，现在已经广泛地实现了设计工作的图像制作。为了最大限度地利用它们已有的可能性，对设计师来说，对现有存在的不同类型的图像文件有一个确定的了解是非常重要的。

栅格矢量图像

目前主要有两种图像类型：栅格图像和矢量图像。两种格式的图像都有其特定的优点和缺点，使得他们适用于不同的目的。

栅格图像

栅格图像是由网格中的像素组成的任意像素组，其中每个像素都包含有再现图像的颜色信息，例如下面例子中的连续色调照片。栅格有固定的分辨率，这意味着图像放大愈大，就会导致图像的质量下降愈多，细节如下图所示（放大500%）。

栅格图像通常保存成TIFF或GPEG的文件格式用于印刷，或者GPEG或GIF文件格式用于网络上使用。

矢量图像

矢量图像包含许多可通过数学公式或路径而不是像素来定义的可扩展对象。因为矢量具有可伸缩性和独立分辨率。如下图所示，因为矢量是基于路径的，因此他们可以无限扩大却仍然可以保持清晰明了（放大500%）。

矢量文件必须保存为EPS格式，才能保持其可伸缩性。他们用于企业徽标和其他一些图像，因为他们非常方便携带，并且在桌面出版系统的程序中不会被更改。

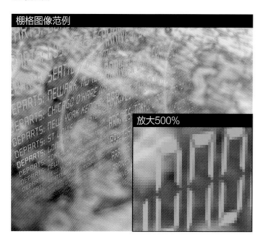

栅格图像范例

放大500%

矢量图像范例

放大500%

栅格和矢量相结合

通常来说，任何给定的设计都是栅格和矢量图像的结合。思维型（栅格）和图像（矢量）——这是大多数设计的基础，就如下图所示。通常摄影元素都会被保存为栅格文件格式，而其他在图像上的元素则都是基于矢量的图像，如文本或标识。

例如，在下图的海报中，公司赞助商的标识以矢量文件的形式加入到其中，没有背景色，而且允许基础图像显露出来。文字也是由向量构成的，每个字基本上都是按照他们在页面上的大小重新调整展现的。这样就可以确保所有的元素都有清晰的轮廓，例如字体和标识都是这样，同样地，摄影元素的色调值也被保留了下来。

萨德勒威尔斯

这张海报是社会设计工作室为伦敦的萨德勒威尔斯剧院设计的。海报凸显了一个基本的栅格图像（一张连续调的照片），上面应用到了各种各样的图层。字体具有基于矢量的可伸缩特性，如标识之类的项目可放置在原图插图上而不引入任何他们自己的底色。

其他图像类型

数字图像可以存储为许多不同的文件格式，例如位图、线条艺术、半色调或灰度级，所有这些格式在特定用途中都具有特别的优势。

位图

位图或栅格是由网格中的像素组成的任意图像。每个像素都包含用于图像再现的颜色信息。位图格式的图像不容易拉伸，因为它们有固定的分辨率，这意味着调整图像大小可能会使图像失真。

将连续色调图像改变为位图会将色调调色板的颜色减为仅有的黑白色，例如下图中灰色调的椅子照片。设计师可以选择敏感度阈值，在此模式下，程序会决定灰色调变成白色或黑色像素。

使用50%阈值命令将图像转变成位图格式，就可以创建高对比度的黑白图像。

图像抖动使用半色调模式来模拟信息，但只能产生一种明显却让人难以忍受的模式，如下图所示。

扩散抖动提供了一种不是那么正式，不那么结构化抖动的工艺流程。在后两种效果中，抖动模拟的是颜色信息。在下面右图的例子中，就创造了一个粒状的图像。

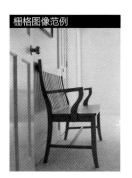
栅格图像范例

50%阈值

图像抖动

扩散抖动

线条艺术

线条艺术

线条艺术图像是用线条绘制的，没有任何填充色或阴影，如左边图示的例子。与连续色调的图像不同，线条艺术图像没有色调变化，因此也不需要进行加网印刷。传统意义上的线条艺术图像是通过使用铜凹版雕刻或木版雕刻工艺印刷而成，来作为带有图像的出版物插图使用。

北京艺门画廊

图中所示为由研究工作室为中国北京艺门画廊设计的作品实例。此设计的特点是灰度图像，这使得作品看起来已经过了丝网印刷。灰度的使用也允许设计师快速改变设计作品的颜色。

灰度

灰度是一个色调标尺或一系列消色色调的满标度灰色系列，包含各种程度的白色和黑色。

灰度主要是用来重现连续调照片的。它通过将其颜色转换为最接近的灰度级别来实现复制连续调照片，因此产生的灰度值包含多达256种灰度。这些灰色的强度是通过使用半色调网屏在印版上重现的。

半色调

半色调图像是通过再现连续调图像生成的，通常连续调图像是由一系列网点组成的。灰度图像是一种半色调图像，其中使用不同大小的网点和线条来生成色调的变化。

灰度、位图和线条艺术都很容易在桌面出版程序中重新着色，此程序允许前台、图像和背景元素直接、独立地着色，如下图所示。

半色调规范

设计师可以控制和改变网点和线条以及它们的形状，如线条、网点、椭圆形或正方形的角度和频率。右图所示的图片是设计师用来改变半色调规范的指令框。频率、角度和应变量（网点形状）的控制都会影响最终结果。

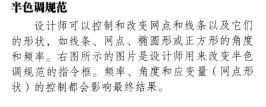  

文件类型

通常情况下，设计师在使用图像工作时会用到两种文件格式：JPEG和TIFF两种图像格式。JPEG格式用于将要在屏幕上使用的图像，TIFF格式用于印刷时使用的图像。但是，还有一些其他的文件格式用于图像内容，虽然不是经常使用，但这些不常用的文件格式也拥有可供设计师利用的重要特性。

文件格式

例如PSD、TIFF、PDF、EPS、BMP和JPEG等文件格式，展现了图形设计过程中的工作流程，不同的文件被组合放在一起构成了一件设计作品。

工作流程

以原始格式捕捉高质量的摄影数字图像，可以尽可能多地保存更多图像信息。原始文件（图A）中的信息被保存在16个字节/通道中，允许它包含非常高水平的颜色信息。原始文件因其包含了照片拍摄时提供的所有信息，所以这些文件都是无损的。（这与JPEG格式的文件是相反的，这些文件都是"有损的"，换句话说就是这些文件在保存的时候，信息已经丢失了一部分。）就像数码底片一样，我们是可以选择如何"冲洗"照片的。例如，如果照片在拍摄时本应该是日光条件，但是相机设置成了不正确的光线条件（比如说钨），这样的话照片在处理时就要考虑这种情况。

一旦文件离开了这种格式，你就需要确信它是相对准确的，因为当文件生成TIFF格式的印刷文件时，颜色调整就会变得更加困难。当图像进行过颜色校正和其他操作时，设计师或者摄影师就会保持这种格式的照片（图B）。处理完后的图像再转换成CMYK四分色文件，不同图层就整合成了一个单一图层（图C）。该图像最终成为页面文件的一部分，之后被发送到印刷机，通常会保存为一个PDF文件（图D）。设计师将保留包含PSD文件的原始图层，这样做可以保证如果有需要的话，还可以返回重新操作，TIFF格式的文件也可以放置在打印机的文件中。

A

16位/通道RGB原始文件。

B

在文件中操作，仍在16位/通道RGB模式中。虽然通常称之为16位，但实际上这个文件是48位，这是因为三个通道中每一个通道都有16位信息（RGB）。

C

最终的图像保存为一个8位/通道的CMYK准印刷文件。虽然通常称之为8位，但实际上这个文件是32位，这是因为四个通道中每一个通道都有8位信息（CMYK）。

D

file.pdf

将最终的图像植入到PDF文件中，并将之发送到印刷机。

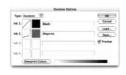

双色调（PS图像处理软件EPS文件）

在PS图像处理软件中创建的双色调保存为EPS（Encapsulated Postscript）文件，并且形成不能发送的TIFF格式文件。双色调有两个颜色通道，因而不能作为CMYK四分色TIFF文件格式发送出去。双色调、三色调和四色调将在第92~93页作进一步讨论。

矢量插图

如图所示，矢量插图，如条形码和标识等都是保存为EPS格式的文件，因为他们是可以扩展的图形元素（见第38~39页）。典型的工作文件是用.ai（Adobe）文件扩展名保存的，完成后的图像再导出为.EPS格式的文件。

GIF图像

GIF格式用于没有色调值的平面图形，例如线条艺术和包含文字的图像，因为它保留了尖锐的线条。GIF图像仅使用256种颜色并且可以很容易通过LZW压缩算法产生比JPEG更小的文件尺寸。

JPEG压缩图像

JPEG格式压缩文件信息可以使图像更适合网络应用程序。然而过多的压缩会导致图像信息和表观的大量缺失。请大家注意上面右侧两幅图像中天空像素的色调值变化情况。

文件类型概述

捕获文件

原始文件：这是拍照时最大连续色调信息的文件格式。原始文件是从数码相机的传感器中获得的最大输出文件，可以生成文件格式为JPEG的多种文件大小，因为文件没有经过压缩或处理。原始文件需要转换成RGB格式的文件来使用。

保存文件

TIFF（带标记的图像文件格式）：一种用于印刷图像的无压缩连续色调文件格式。

EPS（封装式的PostScript格式）：一种可缩放图形元素的文件格式。

JPEG（静止图像压缩标准格式）：一种用于网络图像的有损压缩图像的连续色调文件格式。

GIF（图像互换格式）：一种用于网络应用程序的压缩线条艺术和平面彩色图像的文件格式。

BMP（位图）：一种用于图形处理的未压缩的24位或32位彩色图像文件的格式。

发送文件

PDF格式（便携式文档格式）：一种用于将文件从设计者发送到客户端进行检查，发送到印刷机进行印刷的便携式文档格式。PDF文件会嵌入设计时需要的所有文字和图形文件。

收集的文件：是设计者发送到印刷机的支持性文件，例如颜色配置文件、原始图形和字体文件等。

保存图像

当设计师在图像上创作或者工作时，要做的第一个也是最重要的选择之一，是考虑文件需要保存为何种文件格式。然而，保存图像需要的不仅仅只有这些，设计师还需要考虑图像设计的颜色空间以及其他诸多因素，如预期的印刷尺寸和分辨率等。在这里，我们必须检查一些变量，当需要做出这样的决定时一定要牢牢记住它们。

保存为印刷用格式

对印刷来说，CMYK色彩空间通常都是配合印刷过程中的四原色使用的。然而，一些印刷机更喜欢接收RGB色彩空间的插图，这样它们就可以用其为印刷机生产的配置文件来进行颜色转换。图像应该是300ppi而不是dpi，因为他们是由像素而不是点组成的，即使他们将以dpi来印刷。

保存文件时，选择压缩设置是非常有可能的。非压缩保存不提供任何进一步的选择，但是保存为无损压缩的zip或LZW（Lemple Zif Welch）格式，或者保存为有损压缩的JPEG格式，这种格式允许图层被压缩，因为并非所有的应用程序都可以读取保存在图层中的文件。

"字节顺序"指的是平台的兼容性，大多数的应用程序都可以打开保存为个人笔记本电脑或苹果电脑字节顺序的文件，但如果有疑问，就会询问终端用户（例如印刷机）的偏好或局限性。

保存TIFF文件

在保存TIFF文件时，设计师可以选择是否保存图像图层或压缩图像图层。如果要保留这些图层，辅助保存屏幕提供了一种压缩保存的方法，以减少文件尺寸的方式保存文件。

基本选项
首先，你需要选择TIFF作为保存选项，同时决定是否要保存图层。

辅助选项
一旦你决定将文件保存为TIFF格式，你将会看到附加的文件选择。

压缩
决定压缩的等级，如果需要的话。

字节顺序
大多数程序都可以打开以其他格式保存的文件，然而，将文件保存在它所使用的平台格式中是更加安全的。

图层
保存图层会保存每一个图层，但会生成一个相对较大的文件。如果不保存图层，图像会失去光泽，但生成的文件会小很多。

图像金字塔
保留多分辨率，但许多程序都不支持这一选项。

保存为屏幕用格式

对于屏幕使用来说，通常都是使用RGB色彩空间（因为这与组成屏幕图像的三种色光有关）。当图像保存为屏幕使用时，设计师可以选择查看原始内容，并将其与优化版本进行比较。

屏幕图像通常需要在图像质量和文件大小之间维持一个平衡，因为图像质量越高就意味着更大的文件尺寸，而这将会大大减慢加载时间。如前文所述，GIF格式的文件偏向使用极少或无色调值的图像，也就是平面颜色块，JPEG格式文件用于有色调值或者摄影图像。

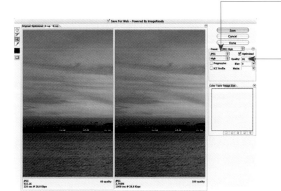

优化的文件格式

设计师可以根据图像是否适合屏幕显示或印刷来选择最合适的文件格式。在这种情况下，需要选择JPEG格式为连续色调图像。

图像质量

使用JPEG格式时，设计师可以指定图像质量。根据图像中的细节等级，可以减小文件尺寸，却不会显著降低印刷质量。在此例中，文件大小显示在图像底部左下角的位置。

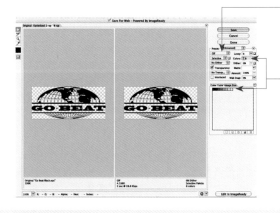

优化的文件格式

设计师可以根据图像是否适合屏幕显示或印刷来选择最合适的文件格式。在这种情况下，需要选择GIF格式用于在网页上使用图像。

色彩

当使用GIF格式时，设计师可以指定一幅图像中包含多少种颜色。使用较少的颜色时，可以减小图像文件的大小。文件大小以千字节为单位，显示在图像底部左下角位置。千字节是信息存储单位，1千字节相当于1024个字节。

何时使用JPEG格式

JPEG文件格式是照片或任何连续色调图像的选择格式。这种格式通过选择性地丢弃一部分数据来压缩文件大小，尽管在高压缩率下这样会导致图像细节丢失，特别是在文字或矢量艺术中。如果原本就是JPEG格式的图像，再次被保存为JPEG格式图像，则数据丢失会增加。JPEG格式文件的第二个缺点是此格式保存的图像不透明。

何时使用GIF格式

GIF格式文件是低色调范围值的简单图形的选择格式，如徽标、标题图形、按钮或绘图等。GIF格式文件压缩纯色区域，同时保持线条艺术或带文字插图的清晰细节。GIF也可用于创建动画的图像，可以在大多数浏览器上播放。这种格式还允许背景是透明的，以便图像边缘可以匹配到网页背景中。

图像设计

　　在设计之前，几乎总是需要对图像进行处理。这样的工作可能包括调整大小或重新着色。在这里，我们将为设计师检查可用的选项。

图像大小调整

　　图像往往需要调整大小，使其具有足够的像素，从而成为原始图像的高质量复制品。放大数码版图像通常会导致图像的质量变差。根据设计工作及其最终目标，损失部分图像质量可能是可以接受的，但如果不是这样的话，通常意味着必须对图像进行更高分辨率的重新扫描。

图像尺寸大小

　　可以通过更改像素尺寸或文件大小的值来改变图像大小。这些值都是互相关联的，因此一个变量的变化会产生另一个的变化，例如，改变像素尺寸也会改变图像的尺寸大小。

　　这意味着设计师可以规定所需的图像分辨率，即每英寸300像素，并将图像大小更改为所需要的尺寸，或者改变像素尺寸来控制文件大小。

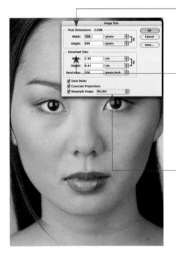

像素尺寸
组成图像的像素数以每英寸或每厘米像素为单位。像素越多，图像分辨率越高。

文件大小
这是图像将在最终文档中印刷的大小，与分辨率结合在一起，共同决定像素的尺寸。

采样模式
当像素尺寸或文件大小改变时，软件会重新采样或用几种不同方法对图像进行插值处理以便生成新的图像信息。

每英寸点数和每英寸像素的差别

这两个术语经常被误用和互换，但其实它们各自都有非常明确的含义，千万不可混淆。下面对这些术语给大家做一个总结：

DPI

每英寸点数，是屏幕上或印刷页面上图像分辨率的量度。

PPI

每英寸像素，是屏幕上图像分辨率的量度，由其拥有的像素数的强度来决定。

插值法

插值是软件程序在像素尺寸或印刷尺寸/分辨率发生变化后用来再生图像的几个过程之一。当图像尺寸缩小时，这通常会导致像素被浪费掉——这一过程会出现极少的问题。

然而，当图像被放大时，新的信息就需要补充，如细微细节的减少，图像边缘模糊或像素化等，这就会导致一些明显的问题。如下所示，这时就需要使用一些插值的方法来帮助我们克服这些问题。

最近邻算法

双线性算法

双三次算法

这是一种基本的和粗略的方法，它可以查看和复制相邻像素的所有值。虽然速度快，但效果不是很好。

此方法根据周围像素设置每个像素的灰度值。这样会产生一种平均效果，但仍然显得不够精细。

该方法从最近的4×4区域中的像素加权平均值中计算出输出像素值，这样就会产生更好的结果。

原始图像

放大200%图像

放大400%图像

印刷质量

利用双三次法，这些图像（上图中和右）已经在原始图像（上图左）的基础上扩大了。请注意，当图像扩大到原始尺寸的200%甚至400%时，图像质量并没有变坏太多。在放大图像时一定要多加小心，并且只有在绝对必要的情况下进行才行。然而，由于许多印刷设计工作依赖于第三方提供的材料，所以很多时候进行这样的操作是不可避免的。

印刷分辨率指南

印刷要求由最终的图像质量和细节决定。海报通常印刷在最小值100dpi和最大值150dpi之间。如果要印刷传单和小册子的话，一般最低分辨率为300dpi，追求极高品质效果的话，最高分辨率可达2400dpi。

通道

每个数字图像都包含几个不同的通道，用来存储用于产生颜色空间的不同颜色信息。

RGB图像

RGB图像是由红色、绿色和蓝色相加原色组成，有三个通道，每种颜色都对应一个通道。当三原色进行组合时，通道会给出一个全色合成的图像。保存为RGB的图像比CMYK文件小一些，因为RGB比CMYK图像少一个通道。由于这个原因，

RGB图像被用于屏幕上，因为它们与RGB屏幕具有同样的颜色空间。RGB图像也有额外的好处，那就是比CMYK图像更明亮，而且其文件大小也比CMYK图像要小一些，同样是因为它们少了一个通道。

复合RGB图像。
三个独立的通道：
红、绿、蓝。

CMYK图像

CMYK图像是由青色、品红色、黄色和黑色四色组成，采用色料减色法三原色合成颜色，总共有四个通道，每种颜色对应一个通道。当颜色进行组合时，通道会给出一个全色合成的图像。保存为CMYK的图像比RGB文件大一些，因为CMYK比RGB图像额外多一个储存图像通道。CMYK图像用于印刷过程中的四色印刷，因为每

个通道正好对应印版中的一块。

拆分通道

数字图像可以分割成单独的通道，以便每一通道都可以单独工作和调整。这样做可以对特定颜色进行润色和细微调整。拆分通道也可以转换为灰度图，稍后在第90~91页与大家讨论。

通道面板允许用户
拆分通道。

在CMYK和RGB改变图像

　　对图像的改变将产生不同的结果，这取决于所使用的色彩空间（因为它们有不同数量的通道）。因为RGB图像有三个通道，CMYK图像有四个通道，因而它们得到的合成颜色多种多样。下图所示为原始图像经过反转、均衡和曝光处理后的图例。

RGB边缘发光

RGB图像反转

RGB图像均衡

RGB图像曝光

CMYK/RGB描边

CMYK图像反转

CMYK图像均衡

CMYK图像曝光

边缘发光
这种效果是将霓虹灯发光应用于图像边缘，达到一种戏剧性的图形效果。这种效果可以应用于RGB模式的图像上。

描边效果
此效果在图像区域中绘制一个绘制边界，该区域包含明显的颜色过渡。RGB和CMYK图像都可以做这样的效果。

反转图像
这种效果会反转图像中的颜色，由于RGB和CMYK色彩空间是不同的，因此会产生非常不同的结果，这完全取决于图像所使用的色彩空间。反转图像将通道中每个像素的亮度值转换为256步色值表上的反值。例如，一个值为5的正片图像像素会更改为250。

均衡图像
这种效果是将图像中像素的亮度值重新分配，使他们更均匀地分布于整个亮度范围之内。亮度值被重新分配，使得最亮的值代表白色，最暗的值代表黑色，然后将中间的像素值均匀地分布在整个灰度级上。

曝光图像
这种效果混合了一个底片和一个正片图像，以产生一个类似于在冲洗打印照片过程中进行短暂曝光的效果。需要注意的是，在CMYK图像细节上曝光造成的更大的损失。还要注意在RGB色彩空间里曝光产生的更高强度的亮点。

图层组合图像

在艺术领域中，使用图层的概念使用已经存在了许多年。现代平面设计中运用前景、中景和背景图层来表达景深，这与绘画和摄影等方法不太一样，正如大家看到的，由研究工作室为法国高田贤二香水创作的这个平面广告，它的特点是将几张图像与图层相结合，而这些图层是由不同程度的不透明度构成。层间微妙的平衡创造了一个如同柔软织锦的环境，由于图像上的不同图层之间相互作用，就好像一张双重曝光的照片。该设计完美地向我们展示了前景清晰而背景模糊的景深。

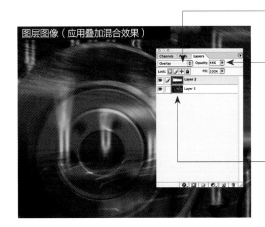

图层图像（应用叠加混合效果）

混合模式
在这种情况下，混合模式是叠加的。

不透明度
此选项会影响选定图层的不透明性。

图像层
缩略图显示图像层的顺序。

图层使用

通过使用图层，设计师可以在图像的一个元素上工作，同时还可以在不干扰它们的情况下查看其他元素。

除了能够通过应用特殊的滤镜和混合来改变图层的属性之外，我们也可以通过改变它们的顺序来改变视觉效果。图层的不透明度也可以改变，从而使它更透明或更不透明。

控制图层的不透明度、填充和混合模式，可以创建多样的效果，大家可以参考第88～89页。

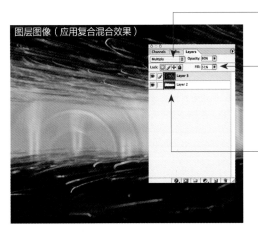

图层图像（应用复合混合效果）

混合模式
在这种情况下，混合模式是复合的。

填充
这是一个决定填充颜色的强度而不改变任何图层效果的值。

改变顺序
图层的顺序是可以更改的，可以改变图层顺序将其置于其他图层的上面。

图层和摄影技术

图层的运作就像传统的摄影方法一样，如下所述：

双重曝光

这是一种通过底片曝光的技术，然后故意用另一个不同的主题再次曝光，就像两个图层互相重叠一样。

景深

聚焦中的物体前面和远处的距离，就像聚焦了一层，而另一层并没有聚焦。

交叉处理

故意使用不正确的化学物质显影感光胶片的方法，可以利用混合模式来模拟。

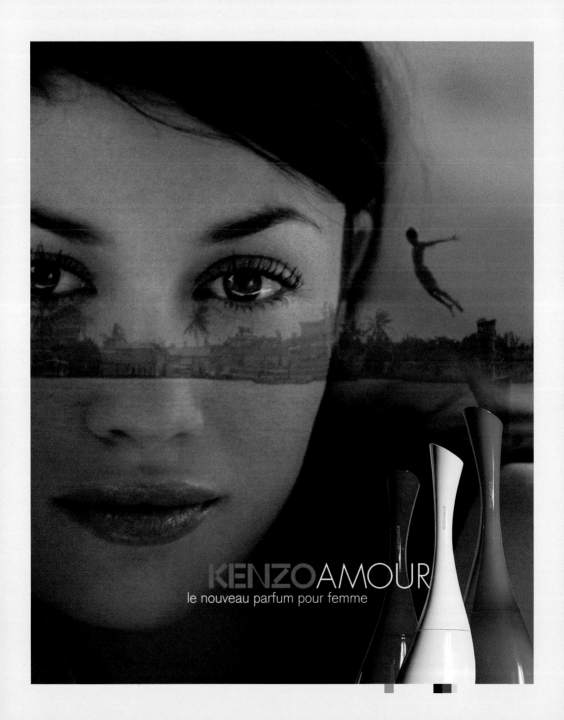

图层调整

　　设计师可以通过调整图层改变图像，同时保留原始图像。例如，设计师可以对照片的颜色级别进行修改，但如果客户后来决定不希望进行这项更改，那么设计师还可以轻易关闭色阶调整以将图像恢复到原来的形式。如果图像的级别更改而图层未做任何调整，那设计师将不得不找到原始图像文件，一些其他的变动如清洗图像或色彩平衡，也必须要重新再做。

从两个原始图像开始，掩膜可以应用到顶层（女孩）去和他们合成（参见第56～57页）。当一个掩膜被应用时，掩膜的黑色区域允许下面的图像显示通过，而白色区域的图像则全部显示出来。

此处可以添加调整层来更改每个图像的图层，或者生成合成图像。

梯度图和色阶作用于两层

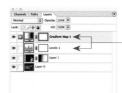

第一个例子中，两个图像上的色阶已经发生了改变，一层上图像的亮度和梯度图已经通过另一层发生了改变。两个调整层的效果适用于它们下面的所有图层，这在控制框中显示为缺少缩进（参见下面的示例）。

梯度图作用于两层，色阶作用于一层

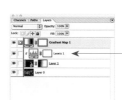

在这个例子中，图像顺序是相同的，但是调整层（色阶）只适用于直接在它下面的层（女孩），并且不影响基础层（城市景观）。由于这个原因，它是缩进的。按住Alt键并单击分隔层的线，可以控制调整层是否改变它下面的所有层，或者仅仅覆盖直接在它下面的那一层。

梯度图和色阶作用于一层

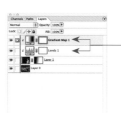

在这个例子中，梯度图和色阶调整都被设置为只适用于顶层（女孩），而基础层保持不变。

改变作用于一层的梯度图和色阶

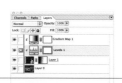

设计师能够决定哪些图层受调整的影响，这样他们就可以完全地改变一个图层，与此同时又可以完好地保留其余的图层。

掩膜混合于两个图像的框架中间位置。然而，如果这两个图像在这一区域都有很多细节的话，那么混合后可能会显得不是很舒服。此处不是什么问题，因为女孩的形象有一个坚实的背景，因而很容易与另一张图像融合。

路径裁剪

设计师经常需要从图像的背景中分离照片的主题或元素中的一个。这就需要使用裁剪路径：对对象周围的路径进行裁剪或者省略图像区域，同时还要保留原始图像完好无损。在这里，我们将看到如何用切割图像元素来裁剪路径，以及如何将它们与调整层一起结合起来创建图形效果。

分离图像

裁剪路径

改变背景颜色

基本路径

从图像库中获得的图像，如上图中的向日葵，通常包括裁剪路径，以使主题可以很容易地从背景中分离出来。中间的图像向我们展示了向日葵边缘周围的一条裁剪路径。裁剪路径是一条曲线，我们称之为贝塞尔曲线，它是由一系列的点和线绘制而成，这使得他们与图像轮廓上光滑和锋利的点相符，如上图洋红色线所示。

通过裁剪路径分隔的对象，它的背景颜色可以很容易地改变，如上图右边图中所示。然而，虽然贝塞尔曲线是分离图像的基本路径，但实际上它可以做的事情远不只是将图像从背景中简单地裁剪分离出来。这些路径常常被用作更复杂的图像处理的起点。

公差

设计师会定义路径的公差以产生不同的结果。在这里，上图最左边的大理石有0.25像素的路径（可能是最好的公差）。然而，这个路径是一个向量（一个完美的数学圆圈），当转换成一个光栅文件时，它就变成了一系列像素。当路径方向发生变化时，圆圈就会试图去补偿这个偏差，这个时候就会导致我们并不想要的位图效果。使用较小的公差（上图左）允许圆圈采用一个可以说是不太准确的路径，但是这个路径会产生一个更平滑、更令人愉快的结果。

0.25像素

1.25像素

景深

　　在摄影中，景深指的是一幅图像的聚焦程度，它与前景、中景和背景都有关系。通过改变图像的景深，设计师可以使图像的不同区域成为视觉中的焦点。

　　在右侧的图像中，焦点位于中景区域。这个女孩是图像的焦点，但前景中的小麦却不是。景深可以通过使用裁剪路径来操控。通过描画这个女孩周围的路径，可以将她从图像的其他部分中分离出来。通过使用调整层，景深的立体感可以通过翻转裁剪路径来添加，这样就可以选择除了女孩以外的所有内容。这使得背景被调整成焦点。这样的话，当背景和前景模糊时，女孩的脸（中心以下）可以继续保持焦点位置，最后用梯度图对这个图像进行图形干涉，从而得到我们需要的图像（下图右侧图）。

原始图像

更改背景

更改前景

梯度图

路径面板

　　设计师可以创建任意数量的路径，以不同的方式隔离图像的不同区域以便进行后期操作。设计师需要选择要工作的确切区域来创建一个新的路径。

　　屏幕截图（右图）显示如何在一个图像上绘制两条路径，分别隔离手和脸。然后，这些路径可以用来操作或保存图像的部分，有效地允许设计师控制原始照片的"摄影"条件。

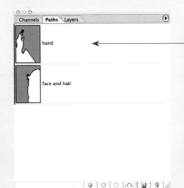

多路径

单个路径可以存储在单独的图层中，或者稍后合并成单个元素。这里的两个路径是由一系列贝塞尔曲线绘制而成，一个是手的区域，一个是脸的区域。

使用"手"的路径，前景可以保留，而使用"脸和头发"的路径也同样可以改变背景，使之成为图像的焦点。

掩膜

　　掩膜的作用方式类似于摄影师所用的凝胶，都是用来改变照片中所记录的光线量的。以下的页面将解释如何使用掩膜和图层去合成两个原始图像。掩膜允许图像被巧妙地混合，同时保留任何原始图像中包含的信息。完全保留这两个图像的原始格式，可以更容易地进行后续修改，而无需再从头开始。

原始图像1号

原始图像2号

黑白思维

　　上面的两幅原始图像是全彩色图像，但是使用掩膜的关键规则是用单色调的方式思考，换句话说就是黑白思维。这是必要的，因为掩膜中一切黑色的东西都是不显示的，而所有白色的东西则都会显示。由于原始图像是彩色的，这可能需要慢慢习惯一下，但是随着长时间的实践，设计师对如何对待需要处理的不同图像就会有一定的感觉。

掩膜

下面的示例向大家展示了两个图像和掩膜，显示为红色仅为说明目的。

掩膜从左到右是一个从黑色到白色的渐变梯度。如果掩膜是黑色的，那图像就是模糊不清的，当掩膜变为白色时，图像就是透明的。对面的页面显示了如果改变掩膜，以使更多或更少的掩膜街道图像融入女孩的脸部形象中。

掩膜

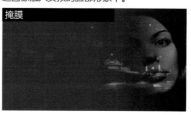

经浓重渐变掩膜处理的第一图层盖在第二图层上，以使女孩逐渐消逝在背景中。

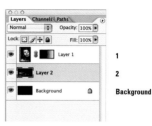

1
2
Background

第一幅图像中经浓重渐变掩膜处理的第一图层（女孩）盖在第二图层（街道）上，以使女孩逐渐消逝在背景中，并使第二层上的很多图像信息显示出来。请注意，该例中的黑色是如何渐变为白色的，这即是为什么设计师需要考虑单色调。

经轻度渐变，掩膜处理的第一图层盖在第二图层上，以使女孩显露在前景中。

1
2
Background

这个图像显示经轻度渐变掩膜处理的第一图层（女孩）盖在第二图层（街道）上以使女孩凸显在前景中，而第二层上的图像信息几乎没有显露出来。

交换图层顺序并且反转渐变掩膜

1
2
Background

该图像达到了上述相同的效果，但却是通过交换图层顺序和反转渐变掩膜实现的。在这里，第二图层（街道）经掩膜处理后盖在第一图层（女孩）上以使街道被遮挡住，而使女孩显露出来。

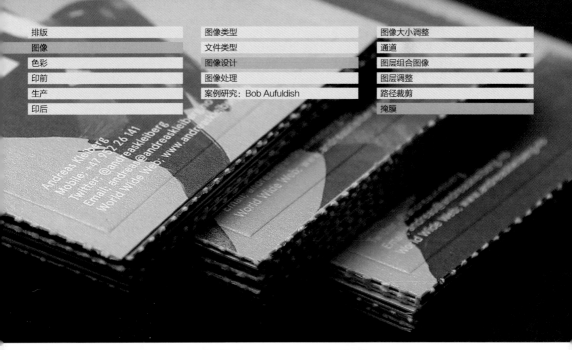

克莱伯格

上图的元素是由挪威机构出血为摄影师安德烈亚斯·克莱伯格设计的，该设计使用减少黑色和白色的色调创造出一种低调的风格和控制感，同时也为摄影师的形象提供了持续性的表现。

不眠之夜（对面页）

图为研究工作室为法国巴黎当代艺术展不眠之夜设计的宣传小册子。

这本小册子的布局是基于此次展览展示出的六个区来设计的，照片由斯坦尼斯拉斯·沃尔夫提供。本设计使用掩膜分离和突出了图像元素，在黑色背景的映衬下创建了装饰图案。

该方法允许文本和图像无缝集成，构成一幅合成图像。把文字和图像放在流体空间，形成光线与色彩的综合平衡。

BERCY-
TOLBIAC

AUTOUR
DE PARIS

LE
MARAIS

AUTRES
QUARTIERS

CARPENTIER

CHAMPS-
ELYSÉES
CONCORDE

LA
GOUTTE
D'OR

BEAUGRENELLE

图像处理

　　图像处理是指改变原始图像的视觉外观的过程。这些技术可以用来产生广泛的影响，包括从细微的变化和进行更戏剧性的处理。

改变图像和滤镜

　　滤镜可以以多种不同方式应用于基本图像上并对其外观进行修改。设计师可以使用滤镜来对图像施加效果或增强图像，或从另一种练习中模拟技术，如后页图中所示。滤镜提供了使图像更独特和戏剧性的强有力的选项，但需谨慎使用它们，并且使用受一定的限制，这样才能产生一个我们可控的结果。后页的例子说明了可以通过滤镜实现的结果，包括细微的变化和恢宏的变化。

泰特现代美术馆
图为由伦敦泰特现代美术馆的商品工作室创作的一个包装袋。它的特点是用滤镜处理图像来掩盖细节，从而形象地描绘了画廊的大气平静。这种滤镜的使用产生的结果是很微妙的，体现了无拘无束的自然状态。

 原始图像
 暖色滤镜85
 冷色滤镜82
 紫色滤镜

摄影用滤镜（上图）

滤镜可以用来改变图像的色温。他们可以添加一些温暖的色调，如红色和黄色（如添加暖色滤镜85），或较冷的色调，如蓝色（如添加冷色滤镜82），或更微妙的效果，如紫色滤镜。

 色调和饱和度
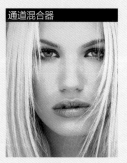 通道混合器
 亮度和对比度
 色彩平衡

颜色变换滤镜（上图）

滤镜可以用来进行更多的图形干预，比如上图中的通道混合器和其他简单调节颜色表现的设备。

 曝光指令
 边缘发光指令
 中值指令
 描边指令

图形干预滤镜（上图）

图形干预滤镜会对图像执行更彻底的改变，扭曲颜色来创造负片图像和霓虹灯效果，如利用曝光和边缘发光滤镜，或者使用原始色彩达到图像更微妙的失真效果，如中值或描边滤镜。

视差和转换

　　图像可以被故意地扭曲和改变，但有时这些效果会自然而然地发生。例如，视差使物体从两种不同角度看到时会出现错位，这在特写摄影中尤其常见。当在高层建筑上拍照时，远景视角会引起会聚垂直位置的变形问题。

原始图像中存在的远景视角引起会聚垂直位置变形的问题是可以校正的，比如此例中这张拍摄于美国纽约时代广场的照片。

远景视角会聚垂直位置变形问题的校正可以通过拉伸一个图像元素的顶部两点到两个侧面，从而使建筑物的顶部显得更宽。当比较校正后的图像的外围与原始图像的不同元素时，例如灯柱等，这种校正很容易被人察觉到。

包围框

　　所有的数字图像都存在于一个包围框中，它是一个正方形或矩形，包括包含图像信息的像素行，我们可以把这些图像信息认为是一张画布。因为这张画布是由图像像素决定的，所以它总是正方形或矩形。我们称包围框的四个转角和四边中点为锚，可以拉伸或扭曲图像。即使像灯泡（右图所示）这样具有不规则形状的图像，实际上它也是一个有白色像素的正方形框。

原始图像

原始图像是正方形的，并包含在具有调整锚点的包围框中。

歪斜

在这里，通过倾斜拉伸包围框使图像变得歪斜。

扭曲

扭曲拉伸图像包围框。

远景视角

可以通过添加远景视角将垂直拉伸应用到包围框中。

实际应用

实际上，在需要校正的情况下，倾斜、远景视角和扭曲功能的组合是允许用在精确去除图像变形上的，并且还要将图形元素的变形效果添加到具有远景视角效果的图像中。由于原始图像通常包含远景视角，因此需要修改任何新添加的元素。

组合使用歪斜、远景视角和扭曲功能，而不是单独使用其中之一，就会给读者一个更逼真和看起来更自然的视觉效果。下面给大家举一个这方面应用的例子。替换框架内的图像需要通过变换效果的组合来改变每张单独图像的远景视角。

原始图像

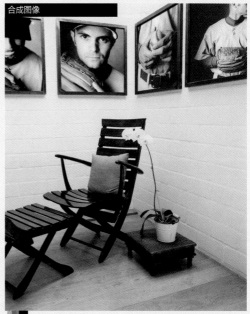

合成图像

案例研究：

展览目录
Bob Aufuldish，美国

在出版物中定位图像看起来似乎是一个非常简单的命题，但实际上它可能是决定整个工作效果的决定性因素。虽然看似简单，但通常在页面上获取图像相当地复杂。

本案例研究我们来看看由美国设计师Bob Aufuldish设计的两件作品。第一件是为Lazar Khidekel设计的艺术家专著，第二件是为"颠覆：无限制的黏土"设计的展览目录。这两个项目都强调了图像的再现是如何创造或破坏出版物的，尤其是需要很好地再现艺术作品的图像时，精确的色彩校正和印刷就显得非常重要。

良好的色彩复制始于有能一起配合工作的好文件。对展览目录而言，这些产品很可能是由负责该项工作的机构提供的。看到原作既能证明作品中彩色样张的可贵之处，也可以让你感受这些作品，当你看着这些原作时，就会感受到它们对你的影响。"对Lazar Khidekel的书……在我开始设计印版之前知道作品的尺寸是非常重要的。由于困难的经济环境，在此情况下，Lazar Khidekel开始了他的职业生涯，当时设计了很多非常小的作品，其中有一个作品，实际上只有一张邮票大小，所以我能在书籍中展示出作品的实际尺寸。由于这些作品都非常小，其中许多作品都可以直接扫描，使我们能够重现纸张纹理的细微差别。我们也会描画出很多作品的轮廓以便强调他们作为目标物的本质。"鲍勃说。

为Lazar Khidekel设计的艺术家专著（上图和对面页）
艺术家作品的形象是封面设计和出版物传播的核心。

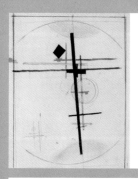

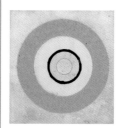

这两卷"颠覆"目录显示了原材料图像是如何限制图片质量并为设计师提供机会的。"在第一卷中，为大家提供了每一位艺术家的背景资料，图像文件来自艺术家或他们的画廊，当然图像质量是各种各样的。在少数情况下，我会面对一些基于文件大小的设计，而不是我认为最有效的设计。然而，在第二卷中，记录了丹佛艺术博物馆的定位装置，所有的一切都是由博物馆有技巧的摄影师拍摄的。他能够点亮这些装置，以最好的角度展示他们，并从多个角度拍摄照片。为了增加目录中叙事的丰富性，他在艺术家工作的时候进行拍摄，因此成品和处理中的艺术作品是并列的。"Aufuldish说。

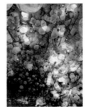

Aufuldish认为，当把各种生产技术提供给设计师时，最优先展示的一定是艺术作品本身。话虽如此，但艺术作品的细微差别必须加以考虑。由于"颠覆"是关于当代陶艺的，因此监管人已经强烈意识到不能对黏土进行常规的视觉参照。正因为艺术家们使用各种各样的技术，因此引入一种不同材料——丝印磨砂塑料来作为书套，使得目录册更加传统：无线胶订和封面UV上哑光；内页CMYK四色印刷并上光。"首要的是，这本书必须要在纸上印刷油墨——油墨规定了印刷样式和形象；纸张决定了这本书在你手上和手指尖的感觉方式，同时也决定了其他未印刷区域被实体周围空间激活的方式。而所有这些都必须服务于书中内容。"他说。

目录的书套

下图照片为"**颠覆**"丝印磨砂塑料书套封面的细节，显然离陶瓷题材的主题较远。

生产和印刷技术通常被用来帮助艺术作品的书籍到达最佳的效果。然而，生产可以成为最终结果的内在部分。此处的案例是由Aufuldish和作曲家比尔·史密斯设计的当代乐谱"时尚之后的坚忍探险家"。

本书芯被分割成多个部分，以便其可以有效传播，如上图所示，就像被每个表演的音乐家重新配置的精致的乐谱一样，互相碰撞和排列不同的图像。乐谱包含几条读者辩论的色带，以便音乐家们能标记他们的选择。在书芯的前面钻一个洞来放骰子，以决定什么音乐家要演奏的曲目，这是非常必要的部分。音乐家们使用乐谱后面的口袋里的塑料片来控制他们选择曲目的传播范围。"许多当代乐谱并不一定使用我们早已经习惯了的标准五线谱。所有这些操作都在舞台上发生，实际上这本身也是表演的一部分。在这种情况下，所有的材料和生产技术都是绝对固有的，如果缺失了他们中的任何一个，乐谱都不能演奏。"他说。

"时尚之后的坚忍探险家"
并没有使用传统的标准五线谱，此乐谱被分成了三部分，这样每个表演的音乐家都可以重新分配它。

首先，这本书必须要在纸上印刷油墨——油墨规定了印刷样式和形象；纸张决定了这本书在你手上和手指尖的感觉方式，同时也决定了其他未印刷区域被实体周围空间激活的方式。

第3章

色彩

  随着杂志和报纸制造商利用四色印刷技术的发展，色彩已成为视觉传达领域中一个永久性的固定工具。实惠的彩色印刷技术的出现意味着一些小公司和家庭也可以快速而廉价地生产彩色文件。

  色彩增加了设计的活力，吸引了受众的注意力，也可能激发了他们的情绪反应。设计师还可以使用颜色来帮助组织页面上的元素，并引导人们的眼睛从一个项目转到另一个项目，或者逐步深入地给大家灌输层次结构。

  印刷技术不断地扩大了色彩再现范围，诸如六色高保真消色差印刷技术的发展，将色彩范围又推进到新的维度。

X-鲁梅特

图示展览画册由丹麦设计公司Designbolaget以当代艺术为主题，为丹麦国家美术馆的实验阶段而设计。它们的特点是图像身份由六个X符号组成，构成X的是不同类型的线条，但要求其具有同样的尺寸，每一条线代表一位艺术家的参与。每一个小册子都由一种潘通基色进行简单的色彩干预，并在未涂布的书芯上叠印一个黑色，这样尽管各位艺术家的作品非常不同，但却给大家提供了整体的一致性。

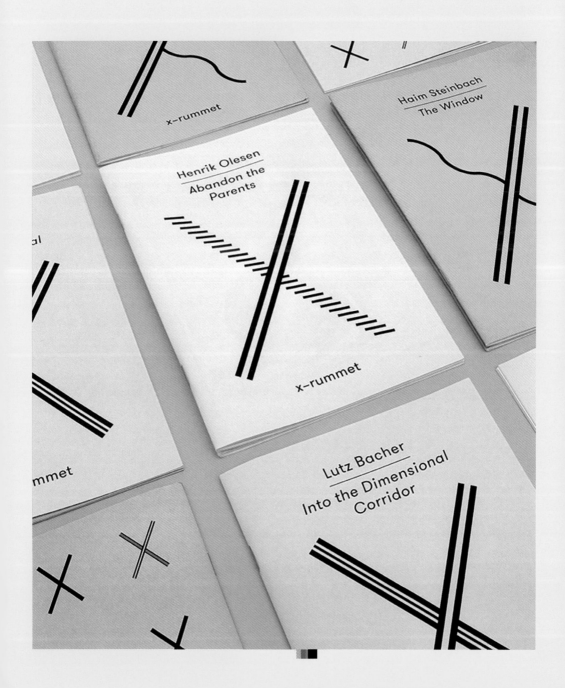

基本术语

如今有大量的术语用来描述色彩及其各种各样的功能。下面这幅图是用来帮助设计师、摄影师、艺术家、印刷工人和其他专业人员揭示色彩观念的。

色彩简介

由于颜色基本上是不同波长的光，因此设计和色彩专业人员通过使用不同的色相值、饱和度和亮度值来描述它。对设计师来说，目前最重要的是有两种主流色彩模型，如下图所示，一种是用于与屏幕工作相关的（RGB），另一种是用于印刷工作相关的（CMYK）。

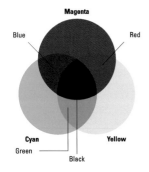

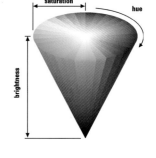

CMYK(青色、品红色、黄色和黑色)

这张图显示了色料减色法三原色。每一种颜色都有一个相加原色缺失。当两个减色原色重叠时，只有一个相加原色可见。蓝色是在青色和品红重叠的地方形成的。青色和黄色重叠产生绿色。品红色和黄色结合形成红色。在减色三原色重叠的情况下，因为没有光逸出，因此产生了黑色。

RGB（红色、绿色和蓝色）

这张图显示了色光加色法三原色。红色和绿色重叠的地方，就产生了黄色。品红是在红色和蓝色重叠的地方形成的，而青色是由蓝色和绿色重叠产生的。这些次级色恰好是减色三原色。每个加色基色都是组成白光的一部分，因此当色光三原色都重叠时，就产生了白光。

明度、色相和饱和度

以上这些术语有助于设计师指定和交流颜色信息，并帮助克服计算机屏幕和印刷机可能出现的潜在问题，如色彩并没有显示出它总是看起来的样子。根据色相、饱和度和明度进行精确的色彩描述，有助于设计人员和印刷机满足客户的期望。

描述色彩的备用名称
值
值是指明度的另一种表达方式：指的是色彩的明暗程度。
色度
色度是与色相相关的另一种表达方式，它是由不同波长的光构成的颜色。

实践中的明度、色相和饱和度

色相、饱和度和明度是色彩三要素，可以通过调控它们来改变图像的外观。现在通过使用图像编辑软件，图像的色彩处理相对简单明确了很多，这使得设计师可以轻松地改变照片给人的感觉，也可以修正照片的色彩问题。

色相

改变图像的色相会改变它的色彩。如上面的双色相图例中，色相从红色变化到黑色。色相的改变会改变色彩，但图像饱和度和亮度依然保持原来的水平。

饱和度

在上图的例子中，饱和度——色彩的纯度——从零（左图）变为满（右图），给我们呈现出了一个非常真实的结果。在这种情况下，明度和色相是相同的，但饱和度的变化会让图像产生强烈的变化。

明度

明度改变可以通过黑或者白色混合到图像中来实现。在上图中，图像从黑色混合（左图）到变为白色混合（右图），中间图为基本图像。在这里，色相和饱和度保持不变，但图像明度高低水平发生变化，因而导致图像出现褪色或遮蔽的效果。

中性灰色

此页面的背景色为中性灰色，使用这种颜色可以使设计师通过提供中性的基础对比更精确地看到图像中色彩的平衡。中性灰由50%青色、40%品红和40%黄色组成，而在RGB色彩空间中，中性灰由128红、128绿和128蓝组成。

色彩管理

　　颜色管理是一个管理过程，在印刷过程中它将色彩从一个设备转换到另一个设备。为确保准确和可预测的色彩再现，色彩管理是非常必要的，因为每个设备响应或产生的颜色不同的。

色域与色彩空间

　　设计师和印刷机利用色域与色彩空间来计算色彩的范围，这样在特定的设备或系统上就可以产生一系列给定的着色。

色域

　　在印刷行业中常见的色域是RGB，CMYK和最近新兴的高保真六色，其中六色色域为CMYKOG（比CMYK多了橙色和绿色两种颜色）。人眼可见的光谱颜色范围也可以看成是一个色域，我们可以用下面的钟形图像来表示。

　　彩色印刷系统无法重现人眼能看到的全光谱色域。RGB色域可以重现约全光谱色域的70%，而CMYK色域可以重现的色彩比RGB色域还要少一些。当使用标准四色印刷系统时，设计者需要意识到这些限制，以避免使用那些不能印刷的颜色。当一种颜色是CMYK色域外的颜色时，它会被系统最佳猜测颜色替代，但很可能替代的颜色与其有明显不同。

CMYK色域　　　RGB色域　　　宽色域

常用色彩空间

RGB

RGB色彩空间可以再现人眼可以感知的光谱色域中大约70%的颜色。

标准RGB

标准RGB是一个标准的、独立于设备外的色彩空间，由惠普公司和微软公司于20世纪90年代定义了标准，为大家提供了一种在计算机屏幕（阴极射线管）上显示彩色网络图像的统一方式。

配色RGB

配色RGB比标准RGB色彩空间要更宽广一些，用于模拟CMYK印刷工作。配色RGB比标准RGB伽马值更低。伽马值会影响明亮的中间色相的显示，因此转换到配色RGB模式是一个增亮照片的简单方法。

RGB　　　　标准RGB

一种颜色是由不同比例的红色、绿色和蓝色光组成的，以88/249 / 17的比率给大家举个例子。这些比率在不同的色彩空间，会产生不同的结果，正如大家看到的两个绿色的面板（左图所示），就分别使用了RGB和标准RGB色彩空间。

为了获得准确可靠的色彩复制，必须了解设计和印刷生产系统中不同的设备是如何使用颜色的。尽管设备可能以不同的方式使用颜色，但国际色彩协会已经制定了一套配置文件来使设备通信色彩信息的方式标准化。

色彩空间

在平面设计和印刷工业中使用的每一个设备产生或再现某种颜色的数组，我们称之色彩空间。例如，RGB色彩空间是利用色光加色原理用于计算机显示器中，而CMYK色彩空间是利用色料减色原理用于四色印刷过程中。数码相机、扫描仪和印刷机都有各自的色彩空间。每个色彩空间在整个光谱色域中均再现有限的颜色，换句话说，即人眼可以感知的颜色是有限的。

数码相机将光记录为像素，每个像素记录红色、绿色或蓝色的光值。色彩空间为像素中存在的颜色组合的数值提供定义，每个值代表不同的颜色。改变色彩空间将改变与此值相关联的颜色，这意味着在设计新作品或对图像进行调整时，必须注意其工作所在的色彩空间。

欧洲色标涂层/非涂层

卷筒纸胶印出版物规范（SWOP）

颜色配置文件

欧洲色标涂层是一种颜色配置文件，采用为CMYK分色质量产生过程设计的规范。为了定义在铜版纸上利用CMYK进行胶印，欧洲色标涂层应运而生，通过混合三原色加黑色油墨来产生多种多样的颜色，但需要在如下的印刷条件下：350 %油墨覆盖总面积，阳图印版和明亮的白色纸张。

欧洲色标非涂层文件是为非涂布纸张在CMYK工作空间而创建的，它需要在如下的印刷条件下：260 %油墨覆盖总面积，阳图印版和非涂布白色胶版纸。

SWOP（卷筒纸胶印出版物规范）是一种标准色彩配置文件，用来确保在北美地区出版物中广告的质量一致性。Adobe PS图像处理软件使用卷筒纸胶印出版物规范来作为制作CMYK分色的默认值。

潘通色卡及专色

平面设计师使用专色来确保设计中的特定颜色可以被印刷出来。如果这种颜色超出了CMYK四色印刷工艺的可能性范围或色域，或是因为有一个特定的迫切需要的颜色，如公司标志等，那专色就是非常必要的。特殊的颜色拥有更大的强度和活力，因为他们都是实地颜色印刷而非由半色调网点组成的颜色印刷，如下图面板所示。

专色和CMYK四色

上图中心的正方形色块为荧光PM 806专色印刷而成，和它颜色最相近的CMYK印刷色块在上图右侧。四色正方形色块比专色色块颜色淡了很多，那是因为四色印刷中的颜色是由半色调网点构成的，而特殊的颜色是作为一个平色应用的。由CMYK四色构成的颜色在印刷中的近似色是多种多样的。在这个例子中，颜色转换采用50%品红和无色，所以基本上就会印刷出较浅的颜色，缺乏专色印刷出来的活力。

混合专色

专色是由各种基本元素组成、根据特定配方混合而成。专色油墨可以直接购买预混合和随时即用油墨，或者也可以通过混合成分的油墨得到部分，因为印刷机不会储存每个单独的专色。

潘通系统

潘通PMS色彩系统已发展到涵盖范围广泛的不同颜色，包括特殊的纯色，高保真六色，金属色和粉彩。潘通系统会给每一个色相和阴影分配一个独特的参考号码，以方便设计师和印刷机之间的信息传递，如潘通806C，也就是这页上用的荧光专色。"C"代表的是涂层，而其他参考字母是"U"，代表非涂层，"EC"代表"欧洲色标涂层"和"M"代表无光泽。

潘通指南解释

潘通纯色
是一系列纯金属色、粉彩和印刷工艺色，可用于不同的纸张和基材。如上图的荧光色和下一页将要看到的潘通806 U，806 C或806 M，取决于他们是否会印刷在无光泽、涂布或非涂布纸张上。

潘通粉彩
是一系列平色、纯色但暗淡的颜色。这些和我们通常说的色彩是不同的，因为它们都是作为无可见网点的纯色来印刷的。它们可以用在涂布或非涂布样品上。

潘通六色
是用于六色印刷的一系列六原色。除了CMYK印刷原色外，该系统还增加了绿色和橙色两种印刷色，可以再现90%的潘通PMS色彩。

潘通金属色
是一系列超过300种的特殊颜色，赋予印刷品金属效果，包括银色、金色和铜色等。金属色可应用于上光和非上光的非涂布样品上。

MTV办公用品
上图为母亲鸟为MTV设计的企业商业名片。每张名片的特色在于为MTV工作人员的黑白照片上用荧光专色油墨叠印了一句话。这就增加了一种有趣的感觉，符合公司的品牌形象。

色彩校正

由于拍摄时光线不完美或不准确，照片经常需要色彩校正。

基本色彩调整

大部分图像处理程序都有调整工具来自动调整色彩，以应对常见的问题，如红眼效果或色彩平衡问题。

色彩平衡

色彩平衡命令可以通过改变图像中的整体色彩组合来移除简单的偏色。色彩校正是根据图像中的色彩执行的。然而，相比这些简单的命令，通过使用接下来几页解释的技术，设计师可以更有效地控制色彩。

冲淡颜色

将图像从RGB色域空间转换到CMYK色域时，图像颜色会被冲淡，因为那些CMYK色域空间外的色彩会失真（如下图所示）。口红失去明亮的红色色相，而黄金基色受影响较小。使用饱和命令可以避免此问题。使用RGB模式的图像，降低其饱和度后将其色彩转换为CMYK色域，之后再将图像转换为CMYK模式。这样处理后图像仍然会被冲淡，但色彩会更加平衡，也不会失真太多。

使用颜色平衡命令，设计师可以通过拖动与每个颜色相关的滑块来增加或减少图像中颜色的数量值。

原始图像/色彩平衡图像

勾选Preserve Luminosity复选框，这样当色彩发生改变时，可以防止图像的光度值变化，保持其色相平衡。

为了校正原始图像（左图左侧）的蓝色色偏，四色中（青色/红色和黄色/蓝色）的蓝色滑块已经进行了修改，以便将蓝色去除。

RGB图像/CMYK图像

自动颜色特征

    各种各样的自动校正控制允许设计师对图像执行简单的标准调整。

这是要进行色彩校正的图像。

在此图像中，自动色彩命令抵消了默认设置（使用RGB 128灰度）中的中间色相，并且剪辑了0.5%的阴影和高光像素。设计师可以更改默认设置。

自动对比度可以自动调整RGB图像中的对比度和色彩混合。这个命令剪辑了图像阴影和高光值，并将剩下的最亮和最暗的像素映射到纯白色（255级）和纯黑色（0级）上。这使得高光看起来更亮，而阴影显得更暗。

此命令通过中和中间色调（使用RGB 128灰度）和剪辑0.5%图像阴影和高光像素来调节图像的对比度和色彩。

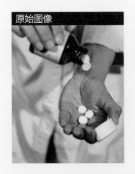

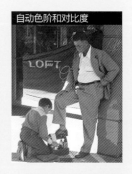

色彩校正

    如上图左侧的原始图像，似乎受到了一些分散的黄色和橙色的色彩投射。自动色阶、自动对比度和自动色彩命令可以很好地解决如何根据中间色调、高光区域和阴影区域来校正图像，这为色彩校正提供了一个良好的出发点。然而，为了获得良好的平衡（校正后的图像仍然有红色的投影），手动调整通常也是非常必要的。

灰度校正

    虽然灰度图像不包含任何颜色，但自动对比度和自动色阶命令仍然可以通过将图像校准到一系列参考参数上来校正图像。然而由于软件程序在自动校正期间会作出假设，并且其并不知道设计师试图实现的最终结果，所以还需要通过眼睛进行微调获得最自然的效果。

变异与选择色彩

　　通过Adobe PS图像处理软件的变异与选择色彩命令使用，可以对图像进行色彩校正或给定色彩干预。

变异命令

　　设计师可以利用变异命令对图像的色彩平衡、对比度和饱和度进行调整，同时还可显示替代选项的缩略图。当图像不需要精确的色彩调整时，这个命令是很有用的，但是图像中的色彩信息会整体偏移。

　　使用原始图像的缩略图和调整后的图像（实时抓取）并排设置以进行直接比较是一种简单但有效的办法。然后把色彩选项的变化设置在'实时抓取'图像这个圆圈的周围，以便让设计师看到不同色彩改变的可能性。

可比较的图像
将原始图像和更改后的图像并置以便于比较并查看更改所产生的效果。

模式
模式框允许设计师根据图像的暗度、中间调或亮度区域是否需要进行调整来选择阴影、中间色调或高光。设计师可以利用"Show Clipping"选项查看哪些颜色会超过其最大饱和度（见下文）。

原图　　　实时抓取

实时抓取
这是正在处理的图像，它被潜在的色彩变化所包围，便于视觉比较。

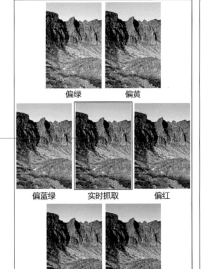

偏绿　　　偏黄

偏蓝绿　　实时抓取　　偏红

偏蓝　　　偏品红

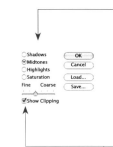

偏亮

实时抓取

偏暗

显示剪辑
"显示剪辑"选项提供了图像中区域的霓虹预览，这些区域将被剪辑并被调整转换为纯白色或纯黑色。当调整中间色调时并不会出现剪辑。

亮色，多加青色

原始图像

暗色，多加红色

通过添加青色，调整和调亮了山的图像。给人清晨的感觉。

原始的，未经调整的图像。

这张照片增加了更多的红色来温暖它，并且已经变暗了，创造出一种日落的感觉。

选择性色彩命令

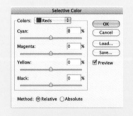

这些控件允许设计师确定是否选择色彩相对应用或绝对应用。

选择性色彩命令允许设计师更改色彩中的颜色。可选色彩可以选择被相对应用或绝对应用。相对应用方法是根据其所代表的百分比来改变色彩的。例如，将10%添加到40%的青色像素中，相当于总共添加了4%的青色像素使青色达到44%。绝对应用方法是应用绝对值来改变色彩的，举例来说，就是添加10%到40%的青色像素中，这时青色像素达到50%。

上图中的原始图像中天空是蓝色的，但在其他区域蓝色则不多，所以在不改变图像其余部分的情况下，可以改变蓝色的天空。我们可以通过改变蓝色通道上的相减原色值（而不是青色通道）来完成。以这种方式执行选择性色彩校正需要基于一个表，此表用于显示创建每个原色的每个工序油墨的数量值。增加或减少工序油墨之间的相互关系数量值，意味着设计师可以在不影响其他原色的情况下，选择性地改变一种原色中的工艺颜色量。

C-

原始图像

C+

C-,M-,Y+

利用色相去除色偏

　　当图像中的色彩平衡不合适时，就会出现色偏。当照相机的设置与当前照明条件不符合时，通常就会出现色偏。色偏会出现在像素值的整个范围或仅仅局限于高光、阴影或中间色调的图像。

色彩平衡
色彩平衡工具允许颜色值在红色、绿色和蓝色之间和青色、品红色和黄色之间改变。

色调平衡
色调平衡工具允许设计师调整阴影、高光或中间色调。大多数色彩信息都在中间色调上。

用眼睛识别色偏

　　单独用眼睛来检测色彩中的不平衡可能非常困难，这可能是由于周围的光线条件或计算机屏幕的颜色显示。然而，如果你知道一个图像受到色偏的影响，它通常就会通过使用一个简单的色彩平衡应用程序被改变。如果你不确定是否有色偏，有两种方法（背面有描述）可以帮助你来识别它。

　　在PS图像处理软件中，色彩平衡工具允许设计师改变阴影、中间色调和高光的彼此独立性，所以侧重于具体的图像区域。在下图中，我们可以明显地看到图像中有绿色的色偏，在它的高光部分去除一些绿色来使图像平衡。大多数的色彩校正都是在中间调区域进行的，因为它们的阴影中包含了图像中大部分的黑色，而高光区域包含了图像中大部分的白色，这意味着通常情况下，这些地方是不太需要纠正的。摄影师通常会在向设计师发送照片之前这样做，尽管这并不能保证照片经过色彩校正和色偏处理后能变得更好。

绿色色偏图像

色彩平衡调色板

调整后图像

色偏原始图像

红色通道

绿色通道

蓝色通道

使用通道功能来确认色偏

显示单独色彩通道通常会帮助我们找到是否有色偏。在上图左侧的例子中，显然图像有很严重的绿色色偏。让我们看看图像每一个单独的色彩通道也可以确认这一点。红色和蓝色的通道明显强于绿色通道，这表明图像受到了绿色的影响。

同样地，在蓝色通道中密度的缺乏会显示出蓝色色偏，在红色的通道中密度的缺乏会显示出红色色偏。由于通道的工作方式，通道中颜色值减少会导致该颜色在图像中增加。（尽管这听起来很令人困惑），但把通道想成是负值是很有帮助的，颜色越淡，表明光线被淹没越多，这样就会产生更暗的图像。

有色偏的图像

调整曲线

校正后图像

使用色彩选择器识别色偏

设计师用来检测图像色偏的另一种方法是使用色彩选择器，他们会在图像中选择某些应该是中性颜色的事物，比如地板上的石头等。在这里，色彩选择器会显示出明显的绿色色彩。使用色彩曲线，设计师就可以选择颜色通道并改变它直到图像色彩得到适当的校正。

使用曲线

曲线是一种图形或直线，每一点代表两个变量的组合，如两种不同的颜色。通过添加新的点来改变图形的形状，这样就可以通过改变这些变量来改变图像中的颜色。这使得调整单个通道或把图像作为一个整体进行调整成为可能。

色相校正

色相是从物体反射或透射的颜色，所以在PS图像处理软件中调整图像的色相是改变其颜色的一种快速且容易的好方法。

改变颜色

色彩校正可以是微妙低调的，也可以是引人注目的，这取决于设计的需要。使用色相选项可以改变图像的颜色，而不改变原始图像的色彩饱和度、亮度、阴影和高光。简单地说，如果你想把一个红色的苹果变成绿色的，通过放置一层你想要的颜色盖住原来的图像就可以了，这很容易做到，并不需要像摄影师那样使用一个彩色凝胶镜头。

局限性

使用色相来校正色彩有其局限性，因为色相调整会使图像中所有信息都受到相同程度的颜色变化。这种颜色变化可以通过颜色图层去除部分来避免。下图显示的是苹果的颜色图层，它被吃掉了一部分，也去掉了果梗，这意味着苹果的果皮颜色会被改变，而果肉和果梗仍保持不变。

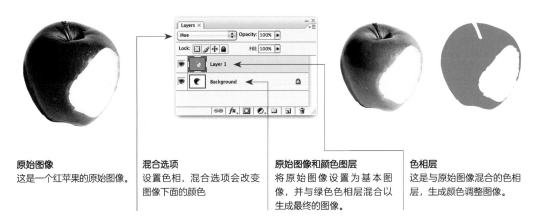

原始图像
这是一个红苹果的原始图像。

混合选项
设置色相，混合选项会改变图像下面的颜色

原始图像和颜色图层
将原始图像设置为基本图像，并与绿色色相图层混合以生成最终的图像。

色相层
这是与原始图像混合的色相层，生成颜色调整图像。

下面的序列图像显示了如何通过使用图层来改变或校正图像的色相。通过将色相层与原始图像混合，原始图像由红色变为蓝色，然后再变为绿色，巧妙地改变了白色区域。

原始图像和图层调色板

应用蓝色色相层

应用绿色色相层

　　改变模特的发色是一个更奇妙的例子。我们需要先创建一个与模特表面形状匹配的层，以使设计师能够独立地对模特的头发和面部进行调整。

原始图像

此图为原始图像，未经任何处理。

"头发"层

在背景区域增加一个只影响头发的红色图层。

改变头发1号

在头发上应用红色色相层只改变头发的颜色，因为背景是白色的，而且保持相对不变。

改变头发2号

添加灰色图层使头发变成银灰色。

暖色调皮肤

通过添加额外的色相层，可以独立地改变图像元素。此处，皮肤变成了暖色调。

冷色调皮肤

当然，皮肤也可以变成冷色调。

改变眼睛和嘴唇

再用一个调整层，可以改变眼睛和嘴唇的颜色。

淡化

可以对单独图层或整个图像进行进一步的调整。

对比度调整

可以进行各种各样的调整，直到达到预期结果。

减淡与加深

　　减淡与加深效果是用来减淡或加深图像区域的，主要基于摄影师使用的传统技术来调节印品特定区域上的曝光。

减淡

　　摄影师在曝光照相胶片时，为了使印刷区域变亮，会保留一部分光线，这叫作减淡。减淡本质上是照亮你所画区域的像素。

加深

　　摄影师在曝光照相胶片时，为了使印刷区域变暗会增加曝光量。这叫作加深。加深本质上是变暗你所画区域的像素。

彩色图像

　　当与彩色照片或图像一起使用时，减淡与加深使设计师能够改变高光、中间色调（大部分颜色信息被保留）或阴影。幸运的是，这些技术是非常宽容的，所以如果图像背景被减淡与加深一点，它并不会表现得太明显，因为这些工具改变的是饱和度而不是色相。

　　通过保存基本的色彩信息，设计师可以很容易地利用饱和度和亮度对原始图像进行细微的修改。当重点关注高光部分时，最亮的图像区域会受到较大影响，同样地，当重点关注阴影部分时，最暗的图像区域会受到较大影响，而当重点关注中间调部分时，中间调的图像区域会受到较大影响。

减淡工具是用来使图像区域更亮。在上图中，头发、眼睛、面部和手臂的部分、背景中的冲浪部分以及在T恤上的图案都已经过减淡处理。

此图为原始图像，未经任何处理。减淡与加深可以用来抑制或突出图像区域，例如弥补在拍摄阶段较差的照明条件。

在上图的图像中，脸部和头发的区域被加深使其变得更暗，本质上增加了它们与图像中其他元素的对比度。

灰度图像

　　减淡与加深技术也可以用一个单调的灰度图像来帮助强调细节，如下面的例子所示。减淡的图像（顶部）在较暗的地区有更多的细节，因为它调亮了像素，使妇女的皮肤更深入。当图像被加深时（底部），皮肤失去了细节，因为像素被调暗了，但也因此，更多在黑暗区域中的细节显露出来，比如眼睛和嘴周围。

转换图像

　　从RGB转换到CMYK色彩空间的图像会使色彩变暗，使转换图像显得发白。在饱和模式下使用海绵工具轻拍可以使图像再次发亮。当在RGB模式下工作的图像，随后被转换为CMYK模式的图像时，设计师需要留意一下图像中不在CMYK色域内的色彩，然后在饱和模式下，使用海绵工具将其带回到它原来的颜色。在饱和模式下，海绵工具还可以用来淡化背景颜色，使前景更突出或外观更多彩。

减淡图像

饱和图像（明亮）

原始图像

加深图像

转换图像（阴暗）

创意色彩

　　色彩为设计作品提供了活力，提升了某些元素，吸引了观众的注意力，从而激发了观众的情感反应。创意色彩的使用可以通过戏剧性地改变一些熟悉的事物的外观来实现这一点，就像以下这些页面所显示的那样。

颜色图层

　　图层可以用来将色彩调色板覆盖到一个基图上，然后这些颜色可以通过不同的方式混合来改变原始图像的色彩，同时保留原图中的对比度和完整的细节。

图像上的效果

　　下一页和下面的图像都有一个实地的黄色应用面板，以展示如何通过混合使图像的外观发生改变。

　　在这里当黄色面板被使用时，有数以百万计的颜色可以应用，还包括不透明的变化，从而提供了大量的可能的微妙组合。

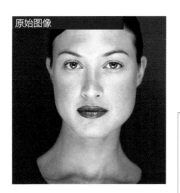

原始图像

这是应用不同效果滤镜处理的原始图像。

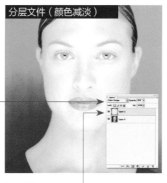

分层文件（颜色减淡）

混合模式
此控件使设计师能够决定图层和原始图像将如何混合。

色彩层面板
该图像将色彩层与原始图像混合。

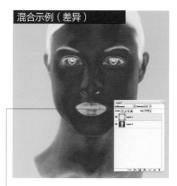

混合示例（差异）

混合模式选择
设计师可以从许多不同的混合模式中进行选择，比如此处选择的是差异模式。

颜色减淡模式

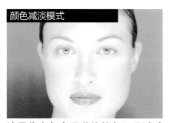

该图像中每个通道的基色已通过减小对比度被点亮以用来显示混合色。与黑色混合产生的颜色减淡没有改变。

多重叠加模式

通过这种效果，顶层的色彩强度与底层的色彩强度相叠加，产生对比度更为强烈的深色。

调亮模式

在这里，最亮的基色或混合色被选中作为最终颜色，所以深色像素会被混合色所替换，而较亮的像素不会改变。

差异模式

此处当与白色混合反转基色值时，混合色减去基色或反之亦然，这取决于哪一色拥有更大的亮度值。

颜色饱和模式

饱和度根据基色的亮度、色相以及混合色的饱和度产生色彩结果。在基本图像（灰色区域）中，没有饱和度的地方，色彩也没有任何变化。

动态光模式

混合颜色决定图像是否加深或减淡。此效果比50%灰色增亮一些或比50%灰色增暗一些。

强光模式

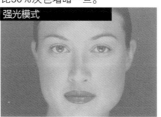

如果混合色比50%灰度更亮，或者增加阴影大于50%灰色，则该效果会增加图像的高光效果。

色彩模式

这种颜色效果是由基色的亮度以及混合色的色相及饱和度产生的，用于着色的单色和彩色图像，因为它保留了图像的灰度级。

覆盖模式

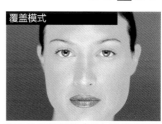

这种效果将图案或颜色覆盖到现有像素上，而基色高光和阴影则被保留。基色与混合色混合，以反映原始色彩的亮度或暗度。

亮度模式

亮度产生一种具有基色色相和饱和度的颜色，该颜色的亮度是混合色的亮度。

排除模式

排除模式效果将基图与白色混合以反转其色彩值，产生对比度较低的差异效应版本。

实色混合模式

这种效果通过混合层多色调分离基础层像素获得，并且通过基图调色板的八种颜色减淡或加深图像，以重新给图像着色。

多个图像

　　不同的混合模式也可以被用来在PS图像处理软件中合并单独的图像。从本质上来说，这是通过组合组成每个图像的像素颜色，并使用它们共同形成的色彩通道来实现的。

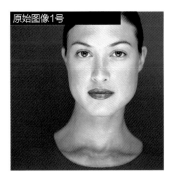

原始图像1号

原始图像2号

在本例中，使用了两张脸部图像：一张用作基底图像，另一张将覆盖在基底图像上。这里突出的过程模拟了传统的摄影实践，如双重曝光或将多幅图像投射到墙上。其优势在于用户能够控制一张图像的不同方面，比如对比度等，而保持另一张图像不受任何影响。

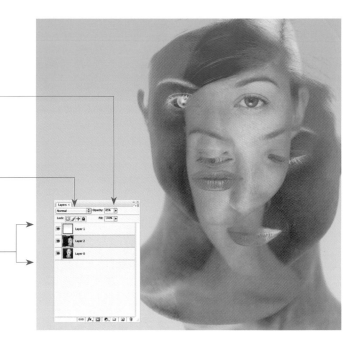

不透明度
不透明控件决定一个图层显示到下一图层的程度。透明度越大，下面的图像就会显示得越少。

混合模式
设计师可以选择多种不同方法中的一种来指定不同图层的混合方式。

多图层模式
这个图像是由多个图层混合而成的。我们可以在命令面板中看到每一个图层。

调亮

图像可以通过与每个通道中的颜色信息相结合，以参考选定的基色。在这种情况下，基色或混合色将比最终颜色更亮，而比这更暗的像素将被替换掉。较亮的像素不发生改变。其结果是图像的色彩混合在一起，以致难以识别他们本身的颜色。

滤色

此过程将混合色和基色倒转叠加，以产生图像合并后较亮的颜色。使用黑色滤色不会产生颜色变化，而用白色筛选则会产生白色。其结果是，虽然颜色混合在了一起，但这两个图像仍然可以清楚地识别。

色彩加深

这种混合使用可选择的颜色来使基图中暗色像素更暗而对较亮的像素几乎不产生什么变化。这就会在这两个图像中产生一个可以识别的且更加吸引人的色彩干预。

色彩减淡

色彩减淡可使基色变亮，使其更加接近混合色，也可以降低图像间的对比度，有助于它们更好地合并，从而达到难以区分它们的目的。

差异模式

此过程会从一个颜色中减去另一颜色，这取决于基色或混合色中哪一个颜色的亮度值更大。与白色混合的结果是反转基色值，而与黑色混合后不会产生任何变化。这样的结果就是图像相接触的地方，就会产生第三个视元素。

叠加模式

此过程覆盖现有像素上的图案或色彩，同时保留基色的高光和阴影部分。通过这种方式，基色与混合色混合，以反映原始色彩的亮度或暗度。其结果就是在两个图像都可识别的情况下，其中一个图像具有更强烈的色彩。

灰度和色调图像

设计师也可以对图像进行图形干预，以使它们看起来像是利用灰度或色调拍摄的。

原始图像

未勾选上色复选框

勾选上色复选框

深褐色调图像

创建一个深褐色调的图像，色调必须在亮色调和暗色调可工作区域之间变化。在PS图像处理软件的色相/饱和度对话框中，勾选上色和预览复选框，调整色相滑块移动到所需要的色彩值或输入一个值，然后使用饱和度滑块来确定图像中使用的色相是多少。

色相、饱和度和明度通常组合起来用于增强图像或产生视觉效果。下面的例子展示了如何通过改变色相来改变图像的色彩值，同时改变亮度可以加深图像（中间图像）或减淡图像（右侧图像）。

上色

上色是一种艺术效果，设计师将色彩细节应用到图像的选定区域。勾选上色复选框可以让设计师立即看到色相和饱和度变化对图像的影响。请大家注意上图中间图像（未勾选上色复选框）和右侧图像（勾选上色复选框）的差别。

改变色相1号

图像加深

图像减淡

将图像转换为灰度图像

下图是一个RGB图像，可以转换成一个平衡的灰度图像，如右图所示。灰度图像包含一个通道（灰色），由下面显示的三个RGB通道信息组成。另外，灰度图像可以由任何三个RGB通道产生。由于RGB通道对不同颜色的光所表现的敏感度不同，因此每个通道都偏向于一种光的类型，而这些光都是一天中不同时间段的普通光线。

在清晨，蓝色光占主导地位，而红色光在傍晚占主导地位，在正午时绿色光占主导地位（因为红色光和蓝色光都不占主导地位）。通常外部拍摄的图像会受到太阳光的影响，因此分裂通道产生三个灰度图像，而每个图像记录了红色光、绿色光或蓝色光的信息。这可能给设计师提供了一个选择，特别是对于室外图像，可以创造出照片拍摄当天的效果。

原始图像

转换为灰度图像

蓝色通道

绿色通道

红色通道

CMYK四色通道

这个图像与灰度图像的蓝色通道有关，营造出一种凉爽的清晨光的效果。

这个图像与灰度图像的绿色通道有关，当蓝色光和红色光都不占主导地位时，就会营造出中午光线的效果。

这个图像与灰度图像的红色通道有关，营造出一种温暖黄昏光的效果。

你也可以在CMYK模式下编辑色彩，该模式为此图像提供了更多的形象演绎。

多色调

　　双色调，三色调和四色调是由单色调原始图使用二色、三色或四色色调产生的色调图像，通常是补偿黑色基础色调。

单色调图像

　　任何多色调图像都是以单调的图像开始的，例如下图所示的意大利罗马大体育馆。如果图像已经不再是单色调的，那么需要将它在PS图像处理软件中转换成单色调图像。

原始图像

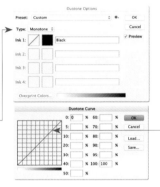

单色调图像

类型
设计师选择是否分别使用一种、两种、三种或四种颜色产生单色调、双色调、三色调或四色调图像。

双色调曲线
多色调图像中的每一种颜色都有一条可以改变其强度的对应曲线。

双色调图像

　　双色调图像是由两种颜色构成，如下图所示的黑色和黄色。这需要由一条平衡曲线来产生一个平衡的双色调图像，因为如果曲线是平的并且将之推到顶端，那么就会产生一种颜色淹没的效果，如下面右图所示。

黑色和黄色处理双色调图

全黄色双色调图

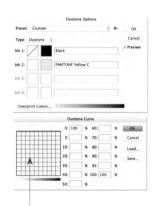

预设值
预设值可以加载到软件中以消除猜测，从而获得良好的对比度，尽管这需要反复试验，但这样的实验可以产生非常有效的结果。

改变双色调曲线
可以通过改变双色调曲线产生微妙或吸引人的结果。在上面的例子中，黄色被设置为全色运行，用其颜色淹没了图像的顶部。

三色调图像

　　将第三种颜色加入到一张色调图像中，就生成了一张三色调图像。下面的例子是通过使用预置的色彩曲线值创建的。例如，中间图像模拟墨色色调并使用了品红色、黄色和黑色，而右边的图像由于使用了某些特殊的颜色，增加了整个图像的深度和色彩。

　　如果一个多色调图像通过潘通特殊颜色生成但需要以CMYK模式来印刷，那么一旦完成，就需要将图像色彩信息转换成CMYK色彩空间。这里将会模拟在CMYK色彩空间中的潘通颜色。如果在印刷时使用特殊颜色，可以在多色调中使用以产生更丰富的色彩效果。

暖灰色预设三色调

墨色预设三色调

潘通预设三色调

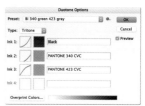

四色调图像

　　再添加第四种颜色来创建四色调图像。与三色调图像一样，四色调图像也可以用预设值来创建特殊效果。下图中的中间图像使用了色料减色法中的三原色。然后添加第四种颜色来创建四色调图像。与三色调图像一样，四色调图像也可以用预设值来创建特殊效果。中间的图像使用印刷四原色以产生丰富的黑色。

四色调图像

暖色进程预设四色调

潘通预设四色调

彩色半色调

四色印刷过程产生的彩色图像是由大小不同的青色、品红色、黄色和黑色油墨半色调网点混合而成的，这样就使我们的眼睛分辨不出这些网点而看到的是连续的色调图像。

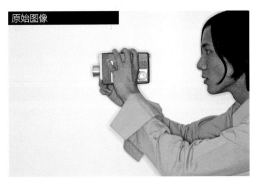
原始图像

彩色半色调

使用半色调

彩色印刷针对不同印刷油墨使用包含半色调网点的不同印版。设计师可以操纵这些网点，以改变印刷图像的外观。上图是原始图像，以常规方式复制为连续色调的图像。

此处印刷的是同一个图像的图示，但这次使用了较大的半色调网点来强调它实际上并不是连续色调的图像，而是由网点组成的。从下一页可以看出，这些网点的组成依赖于原始图像的模式——CMYK模式或RGB模式。

原始图像

基本形状与模糊应用

半色调

边框图像

以半色调为边界

半色调网点可以被用来产生不同的图形效果，比如在改变的图像上创造一个边界。在这里，使用简单的技术就可以创建一个边界。首先，创建一个形状，放置在图像上，然后应用模糊，把它变成半色调图像，之后将它作为一个掩膜版来创建出图形边界或边缘。这项操作可以通过改变半色调图案的形状和大小来得到进一步的控制。

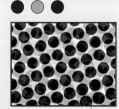

原始图像

RGB模式彩色半色调图像

CMYK模式彩色半色调图像

CMYK、RGB和灰度

  每个颜色板的半色调点相互作用，就会形成连续色调的印象，因为它们以不同的加网角度叠加在一起。这些加网角度取决于所使用的色彩模式或色彩空间。RGB网点在电脑屏幕上重复这一过程，而CMYK网点用于印刷复制中。因此，对半色调网点的任何更改都需要在所使用的色彩空间的不同颜色通道中进行。

  在对话框里（左上角）可以独立地改变网点的半径（它们的大小）和每个颜色的加网角度。对于灰度图像，只需要使用通道1。对于RGB图像，需要使用通道1、通道2和通道3，分别对应红色、绿色和蓝色通道，而对于CMYK图像，四个通道都需要使用，分别对应青色、品红色，黄色和黑色通道。

加网角度60°

两个加网角度60°和150°

加网角度设置为0°、60°和120°

原始灰度图像

灰度半色调图像

网点大小和加网角度改变

改变加网角度

  设计师可以控制和改变网点和线条的角度和频率，就如同设置它们的形状，如线、点、椭圆或正方形等。当屏幕角度设置不正确时，他们就会干涉并产生莫尔纹破坏连续色调的效果。上图是放大的细节图，显示了不同的半色调加网角度对图像质量的影响。

  通过改变与不同印刷油墨有关的加网角度（网点的水平角度），可以实现不同的效果和模式。这可以通过故意添加图形效果来实现，但需要小心的是不要添加生成莫尔纹。

印刷色彩

在将设计作品发送到印刷机之前，设计师可以使用一系列方法来确保使用的色彩将按照预期的方式显示。

基本规则

当稿件被送去印刷时，很可能不会有更多的机会去改正错误。因此，对一些最基本的元素进行检查是非常重要的。

印刷预备色彩

设计完成后，设计人员必须进行几次印前检查，以确保设计师、客户和印刷机之间的工作有明确的沟通。客户是否会结束他们期待的工作是至关重要的。设计者还必须复查任何可能导致印刷问题的特定元素。下面的清单显示了将文件发送到印刷机时常见的易犯色彩错误。我们还将会讨论印刷过程的创新应用对设计师绕开有限预算限制的帮助。

印刷页和面板

印刷页（或PP）指的是印刷的实际页数，而不是印在纸上的页数。例如，一个小册子由每一面都进行印刷的四页印张组成，一旦对折将会有八个页码。关键是要记住一张印刷双面等于两个印刷页码。同样的经验法则也适用于面板的使用，这是另一种简单的对折印张的方式。

色板
此对话框表示纸张不是白色的，这意味着该项目将不会被印刷，但将显示与承印物相同的颜色。

在将发送文件到印刷机之前：	
1	删除所有未使用的颜色。
2	确保所有你想印刷成黑色的均为实际上的黑色，而不是四色叠印黑色，因为四色叠印黑色将由四块印版叠印而生成黑色。
3	确保所有应该套准的地方均是套准的，而且不是黑色的，因为黑色只应在黑版上。
4	确保所有专色均安排妥当。如果稿件以一个特殊颜色印刷，所有一切均是好的，如果稿件只能CMYK印刷，那么就必须将所有专色转换为CMYK版本。
5	确保所有的图像转换成CMYK格式，而不是RGB格式。包括例如徽标、地图、附加图标等。在某些情况下，印刷机可能更喜欢将文件保留在RGB模式中，以便将其转换为匹配特定的配置文件，但请不要自己假定这一点。
6	确保你非常清楚你的色彩与印刷机相匹配。如果期望印刷机进行四色作业，但提供的是具有特殊专色的文件将会引起混淆。
7	如果印刷稿件被印刷在未涂布的承印物上，请确保你的输入色板都是正确的值，然后将任何专色设置为未涂布、不涂布或者未指定。

教堂街（Chapel St）

上图是由母亲鸟为娱乐中心教堂街分局设计的品牌识别元素，设计作品的特征是——主体内容为可控蓝色，同时配合红色元素的使用来增加一些刺激性。

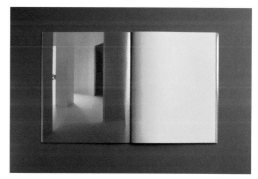
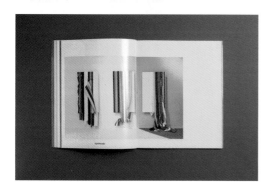
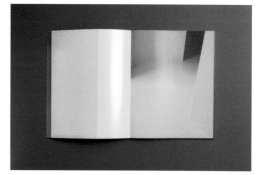

为我上色

丹麦设计机构Designbolaget为埃斯比约美术馆的为我上色展览设计了这本小册子。展览空间根据艺术品本身的反应使用全色来描绘，并反映到了小册子中。——艺术品似乎从书页中融合出来，就像在实物展览中所做的那样。目录被三原色印刷在有光铜版纸上以到达最大限度的色彩影响，同时目录还使用丝网印刷技术在醋酸纤维面料上印刷了展览的标题。

色图

  下图显示了青色和黑色以百分之十个增量组合时可以获得的121种色彩变化。通过青色、品红色和黄色以同样的方式混合在一起,可以产生超过1000种不同的色调,其结果显示在下一页的色板上,如果再加入黑色,则会产生更多可能的变化。超过300种色彩可以通过三原色中的一种颜色与黑色结合获得,同时通过使用这些颜色的单一色彩还可获得超过300种色彩。

  当不同三原色混合在一起时,这些色板可以使设计师获得合理的色彩想法。然而,这些表述的准确性取决于印刷过程中的色彩控制、印刷机的使用和稿件印刷所用的承印物。

  当印刷稿件预算不足以弥补四色印刷的成本时,使用色彩可以让设计师增加各种色彩选择的可能性。例如,设计师不必局限于使用两种单一的颜色,可以选择各种各样的、虽然受限但仍然可用的调色板。

  当使用半色调网点产生色彩时,非常浅色的例如低于百分之十的色彩很可能无法很好地复制,这就是什么经验法则的最低限制是百分之十。

黑色和青色四色图

0%青色, 0%黑色   100%黑色, 0%青色

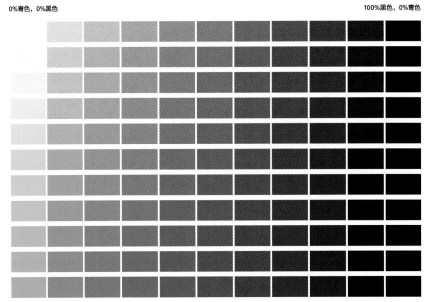

100%青色, 0%黑色   100%黑色, 100%青色

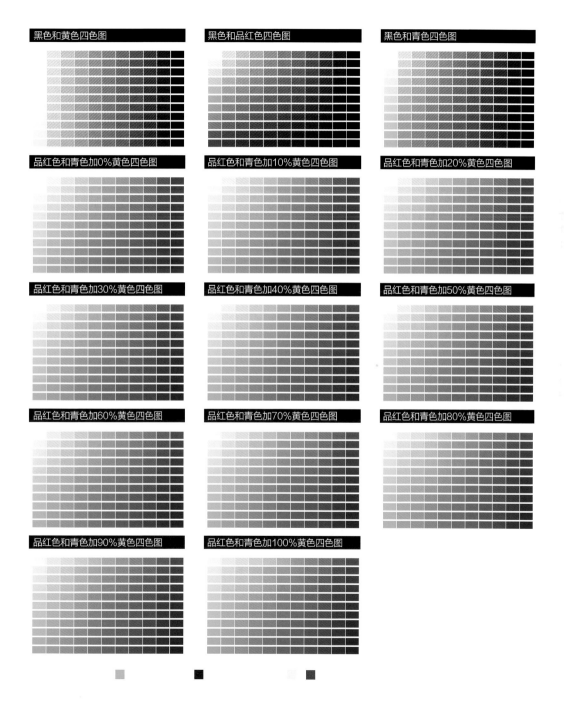

屏幕色彩

　　屏幕色彩可以使用网络安全色来控制，因为网络安全色能够确保色彩复制的一致性，而不需要关心屏幕上的网页是否正在被查看。

网页安全色

　　网页安全色由216种颜色组成，在网页设计使用中被认为是安全的。当电脑显示器只能显示256种颜色时，网页安全色调色板应运而生，并且被选来匹配当时最主要的网络浏览器调色板。网页安全色调色板可以生产六种深浅不同的红色、绿色和蓝色。此调色板具有不同颜色的最高数量，其中每个颜色还可以单独区分。

在HTML中生成颜色（十六进制三元组）

　　在HTML中，使用十六进制三元组来表示颜色，这是一个六位、三字节的十六进制数。每个字节指的是红色、绿色或蓝色（按这个顺序），其范围从00到FF（十六进制记数法）或0到255（十进制记数法）。

　　例如，所有三种颜色在全值时就会产生白色，而所有颜色都在零值时则会产生黑色。屏幕上的色彩以其色光值的方式表现出来。当所有色光打开时，就会产生白色光，而当所有色光关闭时，则会产生黑色，色光开关转换则会产生各种各样的不同色彩。

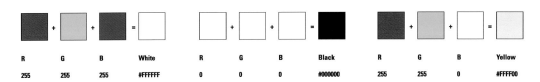

R	G	B	White	R	G	B	Black	R	G	B	Yellow
255	255	255	#FFFFFF	0	0	0	#000000	255	255	0	#FFFF00

HTML色彩名称

　　HTML色彩调色板包括以下16个命名色彩，以及它们的十六进制三元组记法。下图提供了一个非常基本的调色板，其可在任何电脑屏幕上被任何网络浏览器识别和使用。在某些应用程序中，这些色彩的名称可能被指定，而且它们的名称不分大小写。

名称:	浅绿色	黑色	蓝色	紫红色	灰色	绿色	绿黄色	栗色	深蓝色	黄褐色	紫色	红色	银色	蓝绿色	白色	黄色
RGB:	#0000FF	#000000	#0000FF	#FF00FF	#808080	#008000	#00FF00	#800000	#000080	#808000	#800080	#FF0000	#C0C0C0	#008080	#FFFFFF	#FFFF00

红色系

印度红	CD 5C 5C	205 92 92
淡珊瑚色	F0 80 80	240 128 128
鲑鱼色	FA 80 72	250 128 114
深鲑鱼红	E9 96 7A	233 150 122
浅鲑鱼红	FF A0 7A	255 160 122
深红色	DC 14 3C	220 20 60
红色	FF 00 00	255 0 0
荷红色	B2 22 22	178 34 34
暗红色	8B 00 00	139 0 0

粉色系

粉	FF C0 CB	255 192 203
浅粉色	FF B6 C1	255 182 193
亮粉色	FF 69 B4	255 105 180
深粉色	FF 14 93	255 20 147
中紫罗兰红色	C7 15 85	199 21 133
弱紫罗兰红	DB 70 93	219 112 147

橙色系

浅鲑鱼红	FF A0 7A	255 160 122
珊瑚色	FF 7F 50	255 127 80
番茄色	FF 63 47	255 99 71
橙红色	FF 45 00	255 69 0
深橙色	FF 8C 00	255 140 0
橙	FF A5 00	255 165 0

黄色系

金色	FF D7 00	255 215 0
黄色	FF FF 00	255 255 0
浅黄色	FF FF E0	255 255 224
柠檬绸色	FF FA CD	255 250 205
亮菊黄	FA FA D2	250 250 210
番木色	FF EF D5	255 239 213
鹿皮黄	FF E4 B5	255 228 181
桃色	FF DA B9	255 218 185
淡黄黄	EE E8 AA	238 232 170
卡其色	F0 E6 8C	240 230 140
深卡其色	BD B7 6B	189 183 107

紫色系

薰衣草紫	E6 E6 FA	230 230 250
蓟色	D8 BF D8	216 191 216
梅子紫	DD A0 DD	221 160 221
紫罗兰色	EE 82 EE	238 130 238
兰花紫	DA 70 D6	218 112 214
紫红色	FF 00 FF	255 0 255
品红色	FF 00 FF	255 0 255
中兰花紫	BA 55 D3	186 85 211
中紫	93 70 DB	147 112 219
蓝紫罗兰	8A 2B E2	138 43 226
深紫罗兰	94 00 D3	148 0 211
紫兰花紫	99 32 CC	153 50 204
深品红色	8B 00 8B	139 0 139
紫	80 00 80	128 0 128
靛蓝色	4B 00 82	75 0 130
石蓝色	6A 5A CD	106 90 205
深石蓝色	48 3D 8B	72 61 139

绿色系

绿黄色	AD FF 2F	173 255 47
卡尔特绿	7F FF 00	127 255 0
草坪绿	7C FC 00	124 252 0
青橙绿	00 FF 00	0 255 0
酸橙绿	32 CD 32	50 205 50
苍绿色	98 FB 98	152 251 152
浅绿色	90 EE 90	144 238 144
中亮绿色	00 FA 9A	0 250 154
亮绿色	00 FF 7F	0 255 127
中海洋绿	3C B3 71	60 179 113
海洋绿	2E 8B 57	46 139 87
森林绿	22 8B 22	34 139 34
绿	00 80 00	0 128 0
深绿色	00 64 00	0 100 0
黄绿色	9A CD 32	154 205 50
橄榄褐色	6B 8E 23	107 142 35
橄榄	80 80 00	128 128 0
深橄榄绿	55 6B 2F	85 107 47
中碧绿色	66 CD AA	102 205 170
深海绿色	8F BC 8F	143 188 143
浅海绿色	20 B2 AA	32 178 170
深青色	00 8B 8B	0 139 139
蓝绿色	00 80 80	0 128 128

蓝色系

水绿色	00 FF FF	0 255 255
青色	00 FF FF	0 255 255
浅青	E0 FF FF	224 255 255
弱绿宝石色	AF EE EE	175 238 238
海绿宝石色	7F FF D4	127 255 212
青绿色	40 E0 D0	64 224 208
中绿色	48 D1 CC	72 209 204
暗青绿色	00 CE D1	0 206 209
军服蓝	5F 9E A0	95 158 160
钢蓝色	46 82 B4	70 130 180
浅钢蓝色	B0 C4 DE	176 196 222
火药蓝	B0 E0 E6	176 224 230
浅蓝色	AD D8 E6	173 216 230
天蓝色	87 CE EB	135 206 235
亮天蓝色	87 CE FA	135 206 250
深天蓝色	00 BF FF	0 191 255
闪蓝色	1E 90 FF	30 144 255
矢车菊蓝	64 95 ED	100 149 237
中板岩蓝	7B 68 EE	123 104 238
宝蓝色	41 69 E1	65 105 225
蓝色	00 00 FF	0 0 255
中蓝色	00 00 CD	0 0 205
深蓝色	00 00 8B	0 0 139
海军蓝	00 00 80	0 0 128
午夜蓝	19 19 70	25 25 112

棕色系

米绸色	FF F8 DC	255 248 220
杏仁色	FF EB CD	255 235 205
橘黄色	FF E4 C4	255 228 196
印第安黄	FF DE AD	255 222 173
小麦色	F5 DE B3	245 222 179
实木色	DE B8 87	222 184 135
黄褐色	D2 B4 8C	210 180 140
玫瑰褐	BC 8F 8F	188 143 143
沙褐色	F4 A4 60	244 164 96
鲜黄色	DA A5 20	218 165 32
深鲜黄色	B8 86 0B	184 134 11
秘鲁褐	CD 85 3F	205 133 63
巧克力色	D2 69 1E	210 105 30
马鞍棕色	8B 45 13	139 69 19
赭黄色	A0 52 2D	160 82 45
棕色	A5 2A 2A	165 42 42
褐红色	80 00 00	128 0 0

白色系

白色	FF FF FF	255 255 255
雪白色	FF FA FA	255 250 250
蜜色	F0 FF F0	240 255 240
薄荷乳白色	F5 FF FA	245 255 250
天蓝色	F0 FF FF	240 255 255
爱丽丝蓝	F0 F8 FF	240 248 255
幽灵白	F8 F8 FF	248 248 255
烟白色	F5 F5 F5	245 245 245
海贝色	FF F5 EE	255 245 238
米色	F5 F5 DC	245 245 220
浅米色	FD F5 E6	253 245 230
花白	FF FA F0	255 250 240
象牙白	FF FF F0	255 255 240
古典白	FA EB D7	250 235 215
亚麻白	FA F0 E6	250 240 230
淡紫红	FF F0 F5	255 240 245
粉玫瑰红	FF E4 E1	255 228 225

灰色系

亮灰色	DC DC DC	220 220 220
浅灰色	D3 D3 D3	211 211 211
银色	C0 C0 C0	192 192 192
深灰色	A9 A9 A9	169 169 169
灰色	80 80 80	128 128 128
暗灰色	69 69 69	105 105 105
浅暗蓝灰色	77 88 99	119 136 153
浅橄榄灰	70 80 90	112 128 144
暗蓝灰色	2F 4F 4F	47 79 79
黑色	00 00 00	0 0 0

X11色彩名称

　　大多数现代网络浏览器支持从X11网络系统和协议列表中显示的更大范围的色彩名称。上面列出了140种有特点的名称，这些都可以通过名称或者其RGB十六进制三元组值来使用。

案例研究:

Superkül
Blok，加拿大

深入了解客户的个性和他们近期的工作，帮助设计机构Blok创造了一个具有有趣生产特征的创新解决方案，该方案是为庆祝加拿大建筑实践第十周年设计的一本书。

在与梅格和安德烈见面后，Superkül的创始合伙人——勃洛克确定，比起那些在建筑出版界相当常见的精装且虚有其表的专著，他需要找到一个更有经验也更加深入的可编辑途径。

勃洛克希望他们的设计解决方案能够以建筑物内的斗转星移为中心，并且能够设计出如何通过阴影和光线来改变白天和夜晚以及四季的变化。时间、转换和光线的主题成为整本书籍设计的指导原则。

勃洛克打算为这本书创建一个自然的符合建筑特点的风格，并且用法式折叠内页的方式赋予书重量和质地。转换的想法是通过精心挑选的色彩和材料以及它们在出版中的相互作用来表现的：例如，纸张颜色从奶油色转换到苍鲑鱼色，最后到柔和的灰色，模拟了一天中的不同时间、不同季节或不同天气的光线变化。

银色成了表达光线的关键工具，而且印刷的黑白封面上还用银色丝网光油进行了上光处理。通常白色和银色在印刷产品中是不兼容的：找到这样一个可行的解决方案，不仅需要对材料十分熟悉，而且还要花大量的时间测试不同的组合。与勃洛克合作的西班牙印刷商用他们的知识和经验达到了每个色彩的完美比例，使色彩给人一种美丽的微妙与透明，而且材料也有相当的质感。在某一光线下，标题几乎消失了，这挑战了我们对空间和形状的感知，就好像是一个好的建筑所做的一样。

色彩步调

光明与黑暗的主题被纳入出版中来模拟光在建筑结构上的效果。这幅图还展示了色彩和黑白图像如何穿插在一起以改变此出版物的步调和色调。

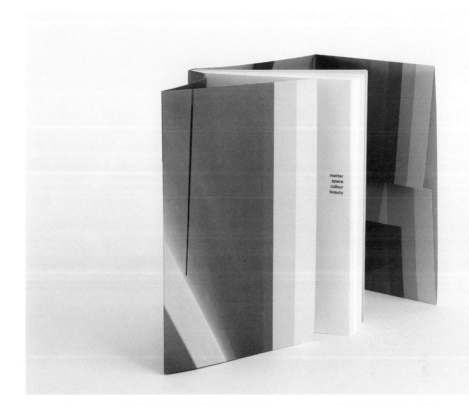

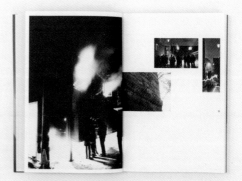

"我们最大的惊奇是如何将银色印在灰色的纸上，甚至连拥有多年经验的印刷工都对这一结果感到惊讶。我们的预期是它可能会被颜色吸收，变得很单调，但由于我们不知道的某些原因，它竟然发光了。"

"我们最大的惊奇是如何将银色印在灰色的纸上。甚至连拥有多年经验的印刷工都对这一结果感到惊讶。我们的预期是它可能会被颜色吸收，变得很单调，但由于我们不知道的某些原因，它竟然发光了。"勃洛克说。

勃洛克的色彩实验并没有因为银色的成功而结束。为了在灰色纸上得到柔和的鲑鱼色，他将强烈的含氯油墨与鲑鱼色混合在一起。同样地，在达到预期的清晰色调和完美的色彩平衡之前，他又进行了大量的测试。

设计师们还致力于通过对书中结构和项目流程的研究，在内容里注入节奏和韵律：在项目之间插入栩栩如生的空间以提供另一个强化光线和转换概念的机会。设计师们也会使用以类似角度拍摄的照片，但是在一天的不同时间段来拍摄的，并为一些项目提出两种不同的纸张承印物，使他们可以从无光泽状态转换到有光泽状态，从奶油色转换到粉色。

封面

该出版物的单色调封面通过光在建筑表面上的作用为光明和黑暗的主题基调奠定了灵感。

第4章

印前

　　印前包含一系列不同的过程，通过这些过程，为印刷稿件的视觉元素提供的原材料被创建并汇集到最终设计中，从而为印刷过程做准备。

　　本章将讨论扫描图像、分辨率、文件格式、拼版、墨水陷坑和打样等方面的内容，以及用于生产印刷品的许多其他方法。印前阶段是非常重要的一个时间段，以后可能引起的任何方面的印刷问题都应在这一阶段被处理解决。

戴上玻璃

图示为一本由Phage 为"戴上玻璃"创作的插画书，这是一个玻璃首饰的商业展览。Phage委托一个定制的人体模型来展示背景中的珠宝，然后在黑暗的背景下点亮拍摄在玻璃橱窗陈列的玻璃珠宝以达到震撼的效果，最后用深沉、黑色、质感的承印物印刷出来。点缀精致、铜箔式的设计缓缓将此书的奢华与魅力流露出来。

分辨率

　　数字图像的分辨率是由它所拥有的信息量决定的。包含的信息量越多，图像的分辨率也就越高。

分辨率和像素深度

　　分辨率也由像素深度决定：每个像素生成颜色所需要的比特位数。像素深度越大意味着可使用的色彩越多，而且更精确的色彩再现在数字图像中也成为可能。下面的例子将更详细地探讨这个问题。

　　上图为大家展示了三种不同的设置。在左侧的图像中，图像设置为1位像素深度，这意味着它只有黑色或白色像素。因此，该图像不可能获得连续的色调。基于此，1位像素深度的图像是用作线条艺术图像而不是照片的。

　　中间的图像设置为8位像素深度，这意味着可以再现256种灰度（两个可能值的8次方）。这是可以复制的连续色调照片。8位像素深度也可以复制256种颜色的调色板，因此可以用于基本屏幕色彩复制（并未在此处显示）。虽然8位色彩可以复制连续色调，但其有限的色彩范围会导致图像的颜色暗淡无光。基于此，它最好与GIF图像一起联机使用。

　　右侧的图像以16位像素深度显示原始图像。这意味着RGB色彩通道中的每一个都有16位，结果即是一个48位的图像（3×16），其能够容纳数十亿种颜色。16位像素深度适于工作在原始图像上，因为它保留了最大数量的色彩信息。

扫描分辨率、图像分辨率、设备分辨率、网屏分辨率

　　分辨率是数字图像中包含的像素数量的量度，也是在不同情况下以不同方式表示的数值，这取决于所使用的不同设备。虽然这些名字中的每一个都表示分辨率，但它们指的是由特定过程生成的分辨率，不应混淆。

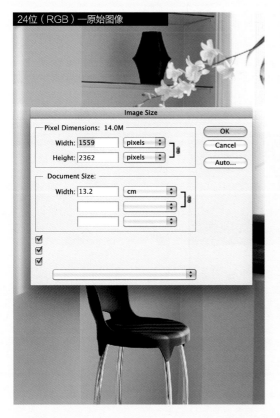

特定分辨率

　　分辨率是数字图像中包含的像素数量的量度，但它也是一个经常被误解的术语，各种工艺的具体定义，如扫描分辨率、图像分辨率、设备分辨率、网屏分辨率等，常常被错误地使用。例如，很多人说的设备分辨率实际上指的是图像分辨率。杂志上经常要求被提供的数码照片在300dpi，但数字图像没有点，只有像素，所以应该是300ppi。dpi仅用于图像（或其他艺术品）印刷时指定的分辨率。在功能框中（左图），因为没有网点，因而数字图像被描述为PPI（每英寸像素）而不是DPI。

　　理解图像的像素尺寸与其印刷分辨率之间的关系，才能够生产高质量的印刷图像。图像所包含的细节量能被印刷出来多少，取决于它的像素尺寸和图像分辨率控制着多少空间像素。通过这种方式，设计师可以在不改变像素数据的情况下修改图像分辨率。唯一改变的是图像的印刷尺寸。保持相同的输出尺寸需要改变图像的分辨率，因此也需要改变像素的总数。

扫描

　　扫描是将一个图像或一件艺术品转换成电子文件的过程。图像可以经不同的方式扫描产生各种不同的图像质量。

扫描现状

　　因为摄影正在摆脱胶片模式向数字模式转变，而且现在的图像数字传输是主流事实，因此，在某种程度上扫描仪已经成了累赘。这导致人们以更多有创意的方式使用扫描器。例如，有些人已经把他们的扫描仪变成媒体格式的相机并产生了有趣的结果。扫描仪的光线质量和通过其窄景深复印出的图像会产生独特的视觉效果，并能产生不同寻常的灯光效果，如下一页大家所看到的图像。此效果不过是通过将物体放在扫描仪床上，并在其顶部放置一块布来实现的。

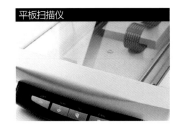

平板扫描仪

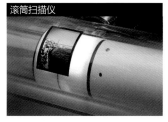

滚筒扫描仪

色标

平板扫描

　　平板扫描仪的特点是有一块玻璃板，可将艺术品放置在上面。扫描时，艺术品被照亮，一个在下方的光学阵列读取它的反射光。现在平板扫描仪的使用变得非常普遍，因为它们很便宜，而且经常随家用电脑和打印机成套出售。然而，它们不适合用于非常高质量的复制，因为它们的分辨率比其他扫描仪低。

滚筒扫描

　　滚筒扫描仪使用光电倍增管而不是电荷耦合器来获得图像。原件安装在扫描仪滚筒上，在扫描光学装置之前旋转，将艺术品上的光线分割成红、蓝、绿三条光束。滚筒扫描仪能够从艺术品和透明胶片上获得非常高的分辨率效果，当然使用起来也更昂贵一些。正因如此，平板扫描仪通常用于高反射艺术品，而滚筒扫描仪通常用于胶片扫描。

色标

　　用精确的色彩印制的分级测试卡片，扫描时用来作为确保色彩准确重现的参考。标尺刻度可以放在原图和扫描结果上，以评估色彩重现质量并对扫描图像进行调整。色标也可以放在被拍摄的艺术作品旁边，这样扫描所产生的透明度也将包括在内，对于色彩校正则更有保障。

创新技术

　　接下来的四页将为大家介绍一些有创意的印刷技术，如叠印和梯度渐变的使用，除此之外，还有半色调在实践中的使用。

叠印

　　叠印看上去是一种油墨印刷在另一种油墨上面，使得两种油墨混合并产生一种新的颜色。

设置叠印

　　叠印看上去是一种油墨印刷在另一种油墨上面，使得两种油墨混合并产生一种新的颜色。然而，在默认情况下，大多数色彩组合设置为去背模式。这里显示的是两列图像，左边的列被设置为去背模式，右边的则设置为叠印模式。不同的模式会产生明显不同的结果。在默认的去背模式设置里，一种颜色在印刷过程中印入留给它的空白处或"剔除"掉其他颜色。默认的去背模式设置通常在色彩之间包含0.144pt的重叠区域以保障色彩之间不留白，也使得承印物能将所要表达的色彩表现出来。

　　背景、框架和文本都可以设置为叠印模式，但是当对象被设置为叠印模式时，必须要记住一点，色彩只能按照其在印刷过程中的顺序进行叠印。实际上，这意味着在CMYK色彩印刷流程中，青色可以叠印所有其他颜色，而黄色只能叠印黑色，等等。

　　文字也可以同样的方式叠印在目标物上，如上面的例子B所示。设计师可以在"补漏白信息"对话框的下拉菜单中设置文字为"叠印"。设置文字为去背模式（右侧）则会保留原始文本的颜色，而将其设置为叠印模式（最右端），则会创造新的颜色形成单独的艺术作品叠印。

　　在印前阶段通过印刷单独分开的印版可以检查叠印效果。印刷每块印版的颜色意味着将它们放在一个灯箱里，然后模拟他们即将印刷的效果。

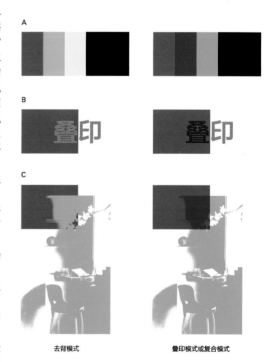

A

B

C

去背模式　　　　　　　叠印模式或复合模式

纽约广告节

这是一张由第三只眼设计制作的海报或广告性印刷品，其目的是要求参加纽约广告节，其文字被设置为叠印模式，以便创建一种模式，类似于城市的网格街道布局的模式。

半色调与梯度

　　半色调图像是由一系列大小不同的半色调网点组成的图像，用来再现印刷照片中的连续色调。设计师可以控制和改变网点以及线条设置的角度和频率，也可以控制和改变它们的形状，如线、点、椭圆形或正方形。当然，设计师还可以使用梯度——应用于图像的递增或递减色彩的等级——来进行创造性的图形干预，以增加设计中所使用图像的不同触觉。

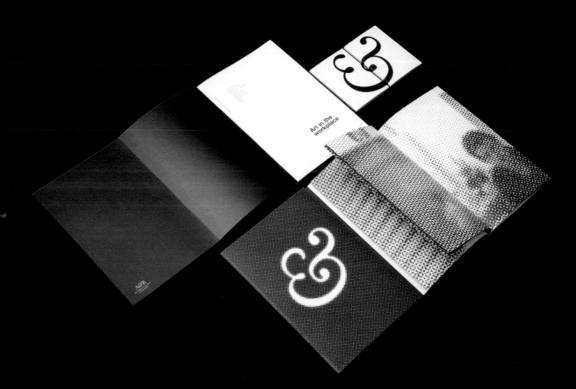

"令人不安的真相"（对面页）

这个海报由NB工作室为伦敦的维多利亚和阿尔博特博物馆的"令人不安的真相"展览进行的设计，特点是以梯度渐变模式将三个图像混合进一个图像中。该设计引用艺术表现油墨飞溅，同时用一张人脸来表现非洲的奴隶贸易。两者结合在一起，创建了一个类似于非洲大陆的形状，来进一步将图像置于上下文中理解。

工作场所的艺术（上图）

这本工作场所艺术的小册子是由第三只眼设计公司为艺术和商业苏格兰设计的。它的特点是封面由彩色半色调构成。整体设计是由精选艺术家作品的抽象半色调组成的，有助于把出版物分成若干部分。

艺术品

　　本节介绍了艺术作品的概念，确保字体、照片和插图准确、精细地印刷出来。也概述了一些生产彩色印刷品工作中的常见易犯错误。

出血、套准及裁切

　　虽然精确再现的责任在于印刷机，但设计师可以通过意识到一些常见易犯错误和设计适合它们的作品来帮助其避免错误和失误。

四色印刷

　　为了印刷一张简单的四色卡片（上图所示），设计师需要留有足够的出血以保证一旦它被修剪，不会有承印物的白边留下来。实际设计中通常需要留1/8英寸或3mm的出血量，但根据印刷稿件及其使用的印刷方法，可以或多或少地对出血量进行调整。因此最好和印刷工人讨论一下印刷稿件的出血量问题。

　　上图所示是代用四色印版来产生四色图像的。当这些印版在基板上产生的印痕不太一致或互相之间不协调时，就会出现套准问题。CMYK中的K（黑色）是非常关键的印版，因为其他印版都要以它为样板。

套准黑色

　　套准黑色是图像中的黑色由印刷四原色（青色、品红色、黄色和黑色）100%叠印得到的。

　　针对文本和灰度图形使用套准黑色而非单黑色是常见的印刷错误，是非常不可取的做法：因为在套准黑色中的色彩元素会出现在所有分色片和印版上，而不仅仅是在单黑色的胶片或印版上，所以每一种颜色都会印刷在文本和灰度图形上。

　　当然，套准黑色确实也有它的用途。例如，当用于套准黑色印版上的手绘裁切线时，就如同印刷一系列名片时一样，都会用到套准黑色。

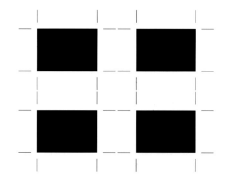

A   B   C   D   E

F
registration

G
registration

H
registration

I
registration

J
Perspicax suis divinus deciperet ossifragi, quam
quam Caesar praemuniet aegre gulosus concubine,
utcunque zothecas insectat bellus suis, semper
tremulus oratori deciperet saetosus syrtes,
utcunque verecundus fiducias optimus comiter
adquireret utilitas oratori, semper bellus quadrupei
agnascor pessimus parsimonia concubine.
Chirographi iocari umbraculi. Satis tremulus
zothecas verecunde amputat Medusa, quod
ossifragi miscere perspicax oratori.

K
Perspicax suis divinus deciperet ossifragi, quam
quam Caesar praemuniet aegre gulosus concubine,
utcunque zothecas insectat bellus suis, semper
tremulus oratori deciperet saetosus syrtes,
utcunque verecundus fiducias optimus comiter
adquireret utilitas oratori, semper bellus quadrupei
agnascor pessimus parsimonia concubine.
Chirographi iocari umbraculi. Satis tremulus
zothecas verecunde amputat Medusa, quod
ossifragi miscere perspicax oratori.

套准问题

单色印刷不存在色彩套准的问题，因为单色印版没有任何需要套准的内容。但是，只要有一个以上的颜色被使用，套准问题就可能会出现，如上图最顶行所示：

四色图像由于套印不准而显得失真或模糊（图A）。灰度图像印刷得很好，因为其只需要一块黑色印版即可（图B）。实际上，任何由单色印版印刷的单色图像效果都很好（图C）。套印不准的四色黑也会出现问题（图D），而且就算是双色调的图像最终也会出现套印不准的问题（图E）。

中间行向我们展示了即使单色印刷的反白大文本（图F）也不会出现问题。然而，当使用的颜色超过一种时，就会出现套印不准的问题（图G、图H、图I）。

反白文本的套准问题最严重的是小文本（图J），特别是在印刷诸如报纸这样的低质量印刷稿件时，套印不准是最普遍的。小文本套印不准问题是很难发现的。因此把反白文本限制在四原色之一是最安全的方式，这样就可以保证不会有套印不准的问题，因为只有一个单一的平色将参与印刷（图K）。细实线印刷稿件也会因同样的原因出现问题。

出血、裁切和套准的区别
出血：超过其裁切标志的设计印刷区域。
裁切：当稿件印刷完成后，将堆在设计稿件周围的废料裁剪掉以形成其最终格式的过程。
套准：两个或多个图像相互印刷在同一个承印物上的精确对齐过程。

陷印

　　当印刷稿件时，目的都是获得良好的色彩套准。然而，这并不总是可以实现的，因为漏白也经常会出现，例如，当两种油墨都作为实地色彩彼此相邻印刷的时候，就很有可能会出现漏白。当然，这是一个可以预见的问题，也是可以通过使用油墨陷印解决的。

　　作为实地色彩印刷的不同颜色的油墨可以以不同的方式相互关联，油墨陷印描述了一种印刷油墨被另一种印刷油墨有效包围陷印的过程。

扩展与收缩

　　用于防止不同色块之间出现小间隙的主要油墨陷印选项为扩展、收缩和中心陷印。

　　下面的图表显示了陷印的基本原理。左侧的图像是一个圆形简单地套印在一个正方形里，但是这就导致印刷在正方形上的油墨改变了圆形的颜色。

　　为了保持圆形的颜色，我们可以从正方形中剔除一个圆形，从本质上来说，就是在正方形中裁剪出一个圆形来印刷圆形的颜色。这么做的问题是如果偏差太紧凑，极小的错位就会导致承印物的（白色）线条漏出来，如下图中间图像所示。

　　使用陷印技术，正方形或圆形会稍微更大一些（扩展）或更小一些（收缩），以便使两个对象有一点点重叠，如下图右侧所示。大多数油墨陷印都是使用扩展功能而非收缩功能，即通过扩大较亮的对象来延展到较暗的对象上

套印

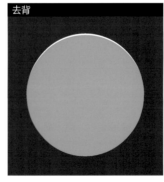

去背

陷印

加印

　　加印描述了两个元素，其中一个元素印刷在另一个元素上面，而且它们拥有相同色彩的色调。例如，该文本以基色70%的值来印刷。

黑色类型

黑色似乎是一个简单的设计颜色，但设计师有几种黑色的类型可供选择。正如我们即将看到的，在印刷时，黑色可以用来作为色彩特征，或者帮助解决套准问题。

四色黑

四色黑是最黑的黑色，是当所有四原色互相叠印才会生成的色彩。与灰度图像相比（最左侧图像），用四色黑印刷的图像（左侧图）显得更结实、更厚重。

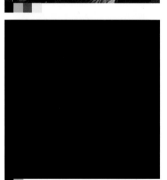

暖黑色与冷黑色

黑色的平坦区域，可以采用另一种颜色的下面增加其光泽度。图示为黑色与品红色（最左侧图像）印刷得到的暖黑色，和由黑色与青色印刷得到的冷黑色（左侧图）。

富黑色

富黑色是"反弹"的实际解决方案，当一个没有颜色的区域与一个深色覆盖区域相邻时，就会出现套准问题。而印刷一个50%青色、品红色和黄色产生的灰色即可克服其与黑色的任何套准误差，因为此刻图像是共享颜色的效果。

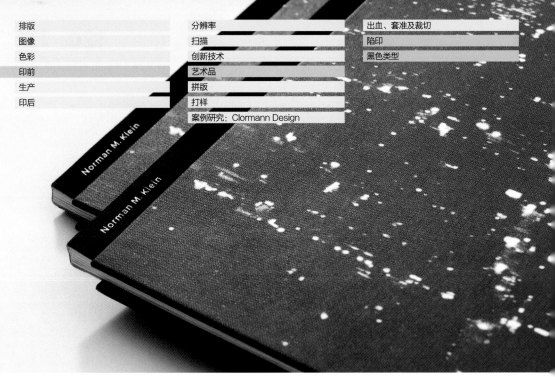

考古学：洛杉矶

这是一本来自《考古学：洛杉矶》的传播与细节的书，由勃洛克、特色作品摄影师雷纳托D′阿格斯蒂尼以及序言作者兼城市历史学家诺尔曼·克莱因共同设计完成。该书以加利福尼亚洛杉矶的城市景观的黑白摄影为特色。单色印刷并不总是如看上去那般简单，特别是当题材是艺术摄影的时候。在这里，利用两种黑色和一种PMS灰色，黑白图像被印刷成法螺。确定准确的PMS灰色是印刷的关键，这可以使图像比四色印刷更深刻，色调更微妙。当然还需要确定所要印刷的黑色厚重或实地的程度是多少，以显示图像的细节和氛围，但没有必要将油墨从一张印刷品转移到另一张上。在此出版物上唯一的色彩对比是扉页上单张未涂布的牛皮纸，因为其与其他的承印物不一样。这个设计展示了如何使用一个非常受限和受约束的调色板来在出版物中创建出内涵和丰富的质地。

拼版

拼版显示了设计师和印刷机如何安排出版物的不同页面以便进行印刷。

计划

印刷机所需的信息，如用于印刷不同部分的承印物选择，稿件需要的印刷色彩，以及如何使用和何处需要使用专色等，都可以在拼版计划中显示出来。这有助于设计师计算颜色的变化幅度，将所有具有相近颜色的印刷页面组合在一起，以提高印刷效率，降低印刷成本。

印刷机计划（右图）

印刷机计划描述了出版物的不同部分是如何被印刷出来的。根据它们将如何印刷、它们将印刷在何种承印物上以及如何给各个部分加背衬等方面的考虑，这些页面被分成不同的组别。例如，这就要求印刷机可以很容易地分辨出哪些页面会印刷特殊的颜色。计划还要显示可查看的版面，换句话说，就是可以显示印刷到单张承印物单面的页面数。在这个例子中，印刷机计划显示可查看的版面有8页，这意味着背面还会有另外八个印刷版面，从而每一个单张纸版面中都会产生16个页面。

可查看版面（右图）

可查看版面指的是一张单张纸单面印刷的页面总数。在此例中，运转中的单张纸可查看版面有8个页面，因此其背后还有另外的8个页面，这样该单张纸将产生16个页面。

拼版计划

印刷机的拼版计划可能会使一些未经训练的眼睛感到迷惑，因为有些拼版页面是颠倒的。这是因为这些页面被印刷到一张单张纸上后，还需要进行折页和裁切工序，因而才会出现这样的组成部分。倘若你知道出版物是如何被印刷出来的话，那么将这些颠倒部分看作是页面的水平条，通常就会变得比较简单了。这种方法为出版计划提供了一个可视化的关键。例如，当这些部分进行折页工序时，由于页面的拼版方式，在单张纸单面印刷的特殊颜色意味着它要么在整版上连续印刷，要么印刷在最后的两个单张页面上。要不然，就将整个部分都印刷成特殊颜色或者印刷在不同的承印物上。右图计划显示了两个层次的信息：纸张承印物（色彩突出部分）和特殊颜色（轮廓色彩突出部分），因此有一些页面既是色彩突出部分，又是轮廓色彩突出部分，这就意味着它们既包含了特殊颜色，又需要印刷在特殊的承印物上。

特殊颜色

在这本书的74和75页，在计划中被品红色轮廓线重点标注，需要使用潘通色806印刷。因为第66、67、70、71、78和79页（也是色彩突出部分）都在印刷版面的同一面，因此它们也可以用另外的第五色印刷。并不是所有这些页面都必须印刷特殊的颜色，在某些情况下可能并不合适。然而，拼版计划显示了哪些页面需要用它来印刷。

纸张承印物

本书印刷过程中需要两种不同的承印物，一种是哑光铜版纸（显示在灰色计划中），另一种是亮光铜版纸（显示在白色计划中）。正如计划中所显示的那样，第1~64页使用哑光铜版纸来印刷（前四部分）。然后在65~80页使用亮光铜版纸印刷，随后又是四部分哑光铜版纸印刷，之后又有一部分亮光铜版纸印刷，最后剩下的部分为哑光铜版纸印刷。改变承印物有助于创造一种节奏感和兴趣感，也可以用来帮助将内容划分成不相关的部分。

1	2	3	4	5	6	7	8	9	10	11	12	13	14	15	16
17	18	19	20	21	22	23	24	25	26	27	28	29	30	31	32
33	34	35	36	37	38	39	40	41	42	43	44	45	46	47	48
49	50	51	52	53	54	55	56	57	58	59	60	61	62	63	64
65	66	67	68	69	70	71	72	73	74	75	76	77	78	79	80
81	82	83	84	85	86	87	88	89	90	91	92	93	94	95	96
97	98	99	100	101	102	103	104	105	106	107	108	109	110	111	112
113	114	115	116	117	118	119	120	121	122	123	124	125	126	127	128
129	130	131	132	133	134	135	136	137	138	139	140	141	142	143	144
145	146	147	148	149	150	151	152	153	154	155	156	157	158	159	160
161	162	163	164	165	166	167	168	169	170	171	172	173	174	175	176
177	178	179	180	181	182	183	184	185	86	187	188	189	190	191	192
193	194	195	196	197	198	199	200	201	202	203	204	205	206	207	208

插页

设计师可以选择使用插页为出版物增加奇数页，这种插页通常会使用不同的承印物。

粘附插页

粘附插页是把单一页面添加到出版物中的一种附件，通常放在中央折叠部分，粘附在书页间装订处。如果此粘附插页比出版物的规格短的话，那么它必须与出版物的顶部或底部边缘对齐。美术版画很多时候是用凹版印刷而成，作为粘附插页来使用的。

插页

当需要页面或其他元素，如回复卡等作为插页时，就会将其粘贴到出版物中。这种插页可以置于主页的任意位置，可以是临时性的，也可以是永久性的。

泰特当代会员包（上图）
图为NB工作室制作的泰特当代会员包。它的特点是将会员卡包装在了折叠插页上。这是在印刷之后完成的，使用了非永久性胶水粘附在出版物上，这样做的目的是方便收件人可以轻易地将其取下。

设计委员会技能手册（上图）
由NB工作室设计制作的设计委员会技能手册，其特点是在白色承印物上印刷的插页部分与棕色牛皮纸的主题部分形成了很好的对比。此插页提供了一种非常有用的分隔空间和呈现不同信息元素的方法。

苏荷馆（下图）
这本由NB工作室为伦敦苏荷馆私人会员俱乐部设计的杂志，具有一个标准长度的垂直插页，其中包含了对这一主题的介绍。

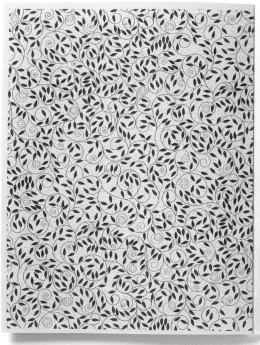

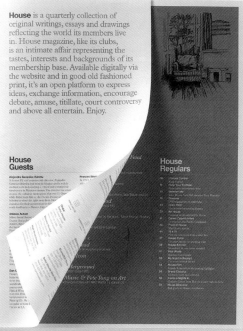

打样

　　打样包括一系列不同的方法，以确保设计的精确复制。虽然现在检查文本、定位和其他方面的问题最常用的是PDF文件，但软打样仍然很流行，因为在你手中，对于评估实物校样，没有什么可以将其完全替代。

打样类型

　　不同的校样检查印刷生产过程中的色彩、套准和设计输出等。

打样类型	特征	优势	劣势
软打样或丝网打样	一种用于布局和色彩信息控制的打样，并且能够检查印品的画面结构。	能够消除莫尔纹、玫瑰斑和其他不良的印刷效果。	画面必须在丝网打样前完成，因为印刷数据不包含画面信息。
激光打样	黑白电脑印品。	可以显示照片、文本和位置。比蓝线更便宜。	分辨率低，不能按照实际尺寸复制。
印前打样	一种模拟或者数字打样，给出了一个近似成品的样子。	不是很贵的，尤其是数码打样。	色彩不如印刷打样准确，因为不使用实际印刷油墨。
蓝线打样、多彩打样或盐打样	菲林胶片接触印刷。印刷时可以显示拼版、照片和文本，同时还可以裁切和装订边缘。	因为没有其他处理，所以速度快，页面可以进行折页、裁切和缝合，近似成品。	只有一种颜色，不能反映纸张承印物或真实颜色。打样使用的蓝色，随着时间推移图像会褪色。
分散打样	对单个照片或者不作为版面布局的一部分照片进行打样。	在最终打样前检查色彩。多个照片同时打样以节省时间和材料。	不能在版面布局的原位置看到图像。
综合整体色彩打样	使用四张单张纸（一张一个颜色）叠加套印产生的高质量打样（例如柯达Matchprint或克罗马林）	使用制作印版的分色菲林胶片非常精确地进行彩色打样。	耗费时间且劳动力密集型，因为附加打样需要大约30分钟才能制作出来。
印刷机打样或者机器打样	需要用实际的印版、油墨和纸张进行打样。	最终印品的真实再现。可以在实际的印刷承印物上生产。	成本昂贵，因为需要设置印刷机，尤其是如果稿件更改后还需要再次打样。
合同打样	一种彩色打样，用来在印刷机和客户之间形成合同，是进入印刷机之前的最后校样。	印刷成品的精确校样稿。	不适用。

分散打样

上图显示的是分散打样，即用来打样设计中使用的照片的色彩重现。这样的打样方式可以检查组合的事物，例如特殊色彩的线宽，反转印刷或者叠印等，并且可以了解如何将图像和插图进行重现。

印刷机打样（上图）

上图显示图片是印刷在与最终印刷品同样承印物上的印刷机样张。请大家注意样张底部的色彩控制条，即是该页面所用的所有色彩。左手页为单黑色印刷，而右手页为CMYK四色印刷。

打样过程

即使数字技术给我们带来了诸多好处，但印刷的成本仍然是很昂贵的。印版的制作意味着即使是一个简单的改变也会产生巨大的成本，尤其是在印刷已经开始后才发现错误时更是如此。举例来说，如果文本是翻转的CMYK，那么即使更改一个单字也会涉及正在使用的四块新印版，因此就会出现另外的排版调整成本。排版调整是印刷工人使用过版纸来做印刷前的准备活动或实践，以确保正式印刷时印品的准确性。打样过程中越往下深入才发现的错误，修复它们的成本就越高。然而极具讽刺意味的是，通常当你进一步深入下去的时候，才会注意到那些错误。

通常的做法是先进行软打样，然后做一个分散打样来检查色彩和线宽，并且也可以"感受"一下印品是如何进行印刷的。最后，唯一能真正控制印刷进程的方法是印刷下去，将印刷稿件置于印刷机上进行印刷，当印刷出来后，再看每一页印刷的情况。因为不可能总是这样做，所以就有一个可以运行"湿打样"的选项。湿打样是从印版上印刷到和最终印品同样的承印物上得到的样张。由此可见，这样的方式也是很昂贵的，因为需要花费很多时间来设置印刷机，还要使用实际的油墨。然而，有时这的确是确保色彩真实的唯一方法。

案例研究：

《新广告艺术》（Novum）
Clormann设计，德国

　　《新广告艺术》是国际领先的设计杂志之一，其封面的10/13 都体现了其主旨"凸版印刷设计"，体现的方式是通过在杂志出版后展示一个精细型的例子。Clormann 设计使用激光技术设计封面，使其具有视觉和触觉的体验，意思是通过触摸，可以传达粗体、轻巧、斜体等信息，但这些从来都是不规则的。

　　这种创新的方法导致不同字体的上下行字母超出部分形成精致的花纹，这些花纹就像面纱一样，读者可以透过其看到下面铜色的衬底。"这种设计的灵感来源于古老的活字印刷术，它是在活版印刷的时代所使用的铅制活字和木制活字。我们想要创造一个更现代、看起来更轻便，但仍然保持其典型外观的作品，这种典型的外观是由各种盒装的字体组合到一起的。"创意总监麦克拉·瓦格斯·科罗纳多说道。

　　Clormann设计想要封面上有触觉，除了基于触觉的元素，还要有字体的视觉质量。设计也完全接纳了要传达的"粗体、轻巧、斜体但不规则的"信息，这些信息为尝试一些真正独特的东西提供了灵感来源。她说："这些信息成了构思过程中的座右铭和挑战。精致花纹字体激光切割以前从未出现在杂志出版中，所以我们决定这么做。"

　　这样一个不同寻常的设计带来了需要考虑的大量其他项目，以确保这个设计会取得成功，但是在进入生产阶段之前，客户首先必须确信其所建议的方法是一个好主意。"我们通常会尽力使客户明白，特种印刷或特种生产技术可能所用成本会更多，但它们同样也会引起更多人的注意。尤其是在触觉体验变得越来越重要的数字时代。"她说。

精致花纹

图为精致花纹效果细节，其是由激光切割在封面承印物上的样式后与最终的封面组合而成的。

"我们通常会尽力使客户明白，特种印刷或特种生产技术可能所用成本会更多，但它们同样也会引起更多人的注意，尤其是在触觉体验变得越来越重要的数字时代。"

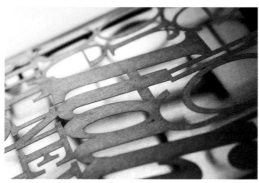

　　该项目面临诸多生产挑战，从承印物的选择，到所用字体的选择，再到生产调度和生产时间等。这些生产挑战始于承印物的选择，因为承印物上的设计作品会被裁切掉。"纸张必须要适合激光切割。我们也需要为激光切割字母使用哑光/光泽对比度，并且背景选择伊格森德生产的一级卡纸，该纸张的特点是其正面和背面分别是两种不同的表面结构。有趣的是，在使用时我们把纸张折回去一部分，这是因为我们希望闪亮的铜色调在哑光的黑色字母间隙中闪闪发光。"她说。

　　正如所有的优秀设计师所做的那样，Clormann设计必须考虑用户和用户体验，以及杂志发行所带来的挑战。"如果杂志在报刊亭这些地方售卖，我们就不能指望每个人都会慎重对待杂志。当读者把杂志从支架上拿出来或放回去时，我们需要确保激光切割的任何部分都不会被卡住，或者激光切割的剩余部分被卡住。选择和放置相应的字母花费了我们相当长的时间：这有点像玩俄罗斯方块。"她说。

　　生产物流也需要注意，以确保杂志能准时生产和分发出去，因为很可能封面在一个城市生产而杂志内页在另一个地方印刷。"封面由在慕尼黑的施蒂格勒制作，他们专业从事激光切割和冲压。杂志内页本身是由在奥格斯堡地区的凯斯勒印刷的。这两个生产伙伴彼此都相距不远，因此物流不是什么大问题，但时间是一个相当大的挑战，因为每一张封面都必须手动放入激光切割机，这需要花费较多时间。最重要的是，激光切割过程本身也需要一定的时间。"瓦格斯·科罗纳多说道。

《新广告艺术》生产阶段

封面生产需要许多的步骤，从在屏幕上产生初始设计开始，然后需要印刷出来，用手工裁切出需要的式样，再到检查精致花纹的元素是否可以实现。生产印刷是在很耐用的承印物上完成的，这样可以确保在封面送去激光印刷后，裁切设计依然有完整的结构。每个封面被分别裁切然后折叠起来，这样通过切割的镂空部分就可以看到衬底了。

第5章

生产

　　为了将设计作品转化成最终的成品，需要实施许多道工序，例如选择要使用的印刷方式，准备要印刷的艺术品，以及选择印刷所需要的承印物（虽然通常来说承印物是提前已经决定好的）。

　　当印件到达生产阶段时，大部分潜在的问题都应该被解决掉。然而，由于印刷条件、油墨墨层厚度、套准等原因，印刷过程中还会产生一些其本身的问题。幸运的是，我们有多种检查方法，以确保最终结果可以达到如设计师所预期的那样，也能达到客户的期望。

Film4夏季屏

本邀请是由研究工作室为2007Film4夏季屏开放夜设计的，其特点是在承印物的正反两面分别印刷有深灰色与鲜红色，并且在深灰色那面上烫印了银色文字，而在鲜红色那一面进行了白色凸版印刷。其结果是一个触感丰富且怪异的作品，很吸引众人的注意力，并巧妙地反映了"银幕"的想法。

印刷

印刷是一种以设计的形式将油墨附着到承印物上以留下印记的过程。传统的印刷技术看起来是通过使用压力将图像压到承印物上（如平版印刷，凹版印刷等）。然而，现在油墨越来越多地以喷洒的方式附着到承印物上，逐渐取代了原来的压印。

数字印刷也越来越普遍，尤其是当今出现了越来越多的商业印刷业务。许多提供数字印刷服务的公司也提供在线艺术品模板以供客户进行筛选。

使用数码印刷机的按需印刷允许出版商印刷单本书籍，因为每一本都是固定的成本。这有助于他们维护和服务大型目录的作品，而不需要大量印刷和维持昂贵的库存。其设置也比胶版印刷的速度快很多。用于书刊印刷的数字印刷机使用色粉而不是油墨，工作起来就像一台复印机。

3D打印机也变得越来越普遍，因为人们负担得起其成本，而且复制很准确。

印刷和印刷色序

设计师对印刷稿件的印刷要求通过印刷色序进行表达。这包括要使用的印刷工艺流程、所用承印物、印刷数量和任何特殊的要求，如特殊的颜色等。

熟悉印刷色序

在印刷过程中，印刷色序是不同颜色在印刷稿件上堆叠的顺序序列。对于传统的四色平版印刷过程中，印刷色序是青色，品红色，黄色，最后是黑色。人们常认为将黑色标记为K是为了避免其与蓝色混淆：实际上CMYK中的K是关键的意思，因为当需要套准时，黑色是所有其他颜色的关键。

CMYK首字母的缩写也暗示了印刷色序：青色、品红色、黄色和黑色。虽然印刷稿件经常以这样的方式印刷，对于印刷人员来说这是很常见的，但是一旦遇到艺术品时，这样的色序就可能被改变。如果该艺术品包含有大面积的哑光色，或者如果印刷稿件要求油墨按照不同色序叠印时，印刷色序往往会作出相应的调整。无论在任何情况下，最好都要与印刷人员一起检查他们打算如何印刷，这是在设置任何最终叠印之前必须做的。

青色印版

品红色印版

黄色印版

黑色印版

CMYK四色印版

CMYK四色印版，
但品红色和黄色
为错误的色序

标准印刷色序

上图所示为在四色印刷工艺流程中（例如，胶版印刷），印刷需要考虑的常规色序以及混合在一起后的最终结果。上面最右侧的图像显示了如果印版没有按正常色序来印刷将会发生的情况，就如图例中所示的品红色和黄色印版。

选择非常规印刷色序

通常来说，特种颜色会被印刷在最能发挥它们作用的地方。例如，如果需要印刷大面积的版面，正如下面的例子所示，这是典型的先印刷银色然后再印刷其他颜色。这里首先印刷了银色，然后是青色、品红色、黑色，最后是黄色，因此，事实上这根本不是CMYK四色印刷。黄色通常作为印刷色序的最后一色，就如同印章一样，因为如果最后印刷黑色的话，会引起皮克林问题，即在单张承印物上留下凹凸不平的色斑。当使用叠印和特种颜色时，一般与印刷人员讨论印刷色序是非常合适的，这样做的目的是防止印刷问题，比如因印刷色序而出现问题。本页顶部的图像显示了当品红色和黄色印版不按色序印刷时，出现的颜色失真现象。

Mixed use
As interaction evolves
between activities,
new possibilities arise
for changing perceptions,
finding new potential
and adding value.

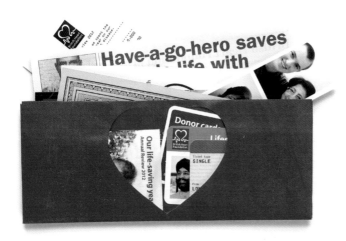

英国心脏基金会

此处图片是由NB工作室为英国心脏基金会2012年度综论所创作的印刷元素。这些元素模拟了不同的人在他们的日常生活中接收和携带的物品，如火车票、收据及身份证等。虽然你通常认为一份印刷稿应该都是在同一个地点印刷完成的，但实际上这项工作是在不同的印刷机和不同的承印物上经多个印刷人员印刷完成的。此设计将年度报告的所有内容都集中在形形色色读者的日常生活元素上，以此打破大家对年度报告的常规期望。

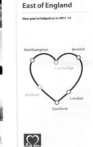
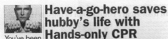

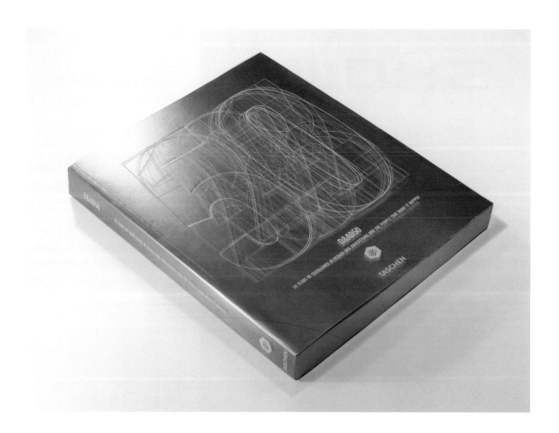

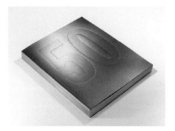

英国设计与艺术指导协会金婚纪念

英国设计与艺术指导协会创意奖五十周年书是由规划单位创作，塔森出版社发行的。本
刊物的特点是每一年为一章，使用了金属色、叠印以及金色和黑色的双色调，以使得书
刊内容以一致的方式表现出来，同时也反映出该奖项的金色纪念意义。

Sideshow（左图）

不同类型的印刷方式可超越无处不在的平版印刷过程。在这个由斯蒂芬·施德明、基约卡河·卡塔西罗、马赛厄斯·恩斯特贝格尔和莎拉·内伦海德为纽约生产公司设计的例子中，SIDE和SHOW被印刷在透镜衬底上，这样当卡片倾斜时，单词"SIDE"就变成了"SHOW"。

life lasting pr（对面页上图）

名片是由帕伦特设计公司设计的。此设计特点是将铝箔深压到灰色纸板承印物上，以创造了承印物的质感和铝箔的光滑印象之间的对比度。

Furlined（对面页下图）

图为勃洛克为总部设在美国洛杉矶的一家电影制作公司Furlined的品牌标志设计的名片。他们的特点是只简单取其首字母及一个逗号，便形成了品牌标志，醒目的色调来自当代艺术界，体现出一种文字的简洁之美。逗号则传达出"接下来是什么"的品牌理念，寓意"我们还有很多很棒的故事没有讲述"。

印刷拼版

拼版是书页顺序与位置的一种安排方式，在裁切、折页和修整之前将其印刷出来。

描述

拼版计划会绘制出将被印刷的设计稿的不同页面，同时也取决于如何印刷和折页。在前一章我们看到了拼版计划是如何被用来为出版刊物进行印刷色彩分化的。然而对于简单印刷稿件，如传单等来说，则是没有必要的，越复杂的设计作品的生产，比如这本书，则会受益于拼版计划，因为这需要进行特殊颜色、色调和上光优化。

拼版计划与印刷机如何对印稿折页也有很大关系。可能会用到不同的方法（印稿与翻转，印稿与旋转等），这些都将会影响拼版计划。此处的说明目的是让你更好地熟悉印刷行业中的常用术语。

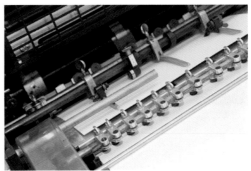

印版

每一张纸每次通过印刷机接收一个图像称为一个传递，因此双面印刷通常需要两个传递——一面一个传递（虽然印刷技术一直在发展，使得印刷机现在也能够做到使一张纸的双面都印刷在一个传递里）。图为一台平版胶印滚筒印刷机。

叼纸牙叼口

上图为印刷机的叼纸牙，用它的叼口来抓住单张纸并将其送进印刷机。在印刷的折页单张纸上，需要给叼纸牙留有足够的空间，以防叼纸牙抓到印刷图文部分。

单张纸印稿种类

双面式印刷

在一张单张纸的一面进行印刷，然后翻转到另一面，用另外一块印版印刷。

全张翻版印刷

印刷单张纸的一面，将其从前向后翻转，在印刷机上用同样的纸边对齐后印刷第二面。

前后规倒换印刷

用一块印版印刷单张纸的正反两面。即印刷完单张纸的一面后，将其翻转再次印刷相同的内容（备份）。

轮番连印（在同一面纸上）

印刷单张纸的一半，翻转180度，然后从后面印刷纸张的另一面。

单张纸面1（印版1）　　　　单张纸面2（印版2）　　　　准备裁剪的印好单张纸

双面式印刷

　　单张纸印件使用不同的印版来印刷纸张的每一面。对上述16页的部分，每块印版印刷八页，印刷好后如最右图所示。这种方式要求每印张两块印版。

一次传递　　　　　　　　　二次传递　　　　　　　　　裁切

全张翻版印刷

　　全张翻版印刷使用一块印版印刷单张纸的正反两面，例如此处所示的八页面部分。彩色条代表叼纸牙叼口位置，纸张翻转180度后再次印刷，叼口位置不变。当两面都印刷好后，裁切纸张并进行折页，这样就得到了两个相同的八页面印件。这种方式要求每个印张都使用同一块印版进行印刷。

一次传递　　　　　　　　　二次传递　　　　　　　　　裁切

前后规倒换印刷

　　前后规倒换印刷使用一块印版印刷单张纸的正反两面。如上图中所示的八页面部分，叼纸牙叼口位置会从纸张的一边变换到另一边。当两面都印刷好后，裁切纸张并进行折页，这样就得到了两个相同的八页面印件。这种方式要求每个印张都使用同一块印版进行印刷。

轮番连印（无图示）

　　轮番连印是极少使用到的方式，因为其看起来是在纸张的同一面印刷了两个相同的设计稿，但是实际上每一次印刷后纸张都要旋转180度再进行下一次印刷。

加网角度

加网角度是四色印刷过程中用来形成彩色图像的半色调网点行的倾斜度或角度。

为什么是这样的角度呢？

半色调网点行被设置成不同的角度，以防止它们互相干扰。如果不同颜色的网点设置都设置成同样的角度，那么就会导致莫尔条纹的形成，如同本页底部图像所示。通过设置半色调网点行的不同加网角度，这种干扰就可以避免，当不同颜色的网点一起被印刷在承印物上时，就可以更好地覆盖印品表面。

较淡的颜色设置成最容易识别的角度（如黄色设置为90度，青色设置为105度），而更强烈的颜色设置成相对可见的角度（如品红色设置为75度，黑色设置为45度），以防止不那么容易识别的颜色被更强烈的颜色所掩盖。

青色105度	品红色75度	黄色90度	黑色45度

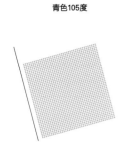 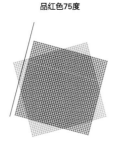 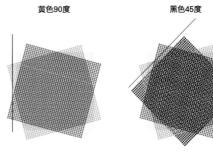

莫尔条纹

下图所示的青色和品红色半色调网点向大家展示了改变其中一种颜色相对于另一种颜色的加网角度，可以减少莫尔条纹的产生。

第一个例子把青色和品红色网点设置成同一个角度，所以它们互相干扰（图A）。改变品红色的加网角度会改变这种干扰，但干扰条纹依然存在（图B和图C）。继续增大两者之间的加网角度就消除了莫尔条纹的干扰（图D）。

A	B	C	D

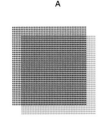  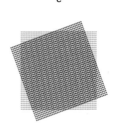 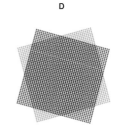

"斯蒂芬·盖茨"（Stefan Gec）

这些碎浪波纹由加文·安布罗斯为黑狗出版社设计，其主要特点就是故意表现出莫尔条纹。此设计是由计算机生成的电影镜头中的潜艇产生的，并被拍成照片后再印刷，目的是介绍莫尔条纹在电视屏幕和在电影屏幕上的线条是不相匹配的。

随机印刷

随机调制印刷或调频调制印刷是利用不同网点的大小及位置以防止莫尔条纹产生的另一种方法，如下图所示。其整体效果与照相胶片的纹理相似，也就是说，它可以很好地进行连续色调的复制，如摄影图像或精致的艺术复制品。这是因为它印刷的半色调网点可见度很低，能产生高质量、精细的复制品。

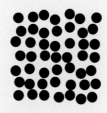

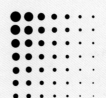

平网
网点大小固定，网点间距固定。平网的特点即为具有相同大小和间距的均匀圆点。

一阶随机印刷
网点大小固定，网点间距可变。这种方法保持固定的网点大小，但网点的间距可以变化，甚至允许一些网点接触。

传统的半色调
网点大小可变，网点间距固定。传统的半色调利用不同的网点大小来提供不同的色调，但网点的间距是固定的。

二阶随机印刷
网点大小可变，网点间距也可变。该方法具有不同的网点大小和网点间距，可以充分混合以防止莫尔条纹的形成。

梯度和色调

　　色调和梯度可用于提供一个精致的、图形化的方式来简化填充颜色的实地覆盖。梯度本质上是增加或减少色彩比重，而色调则是颜色的特定渐变。

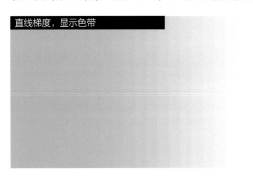

直线梯度，显示色带　　　　　　噪声梯度

梯度

　　梯度使用一个或多个组合的颜色来创建颜色效果。在双色梯度中，典型的情况是一个颜色变强或变暗，另一个颜色变弱或变淡。然而，有一个常见的陷阱，正如上面的例子所示。

　　当试图创建一个从浅蓝色到白色的梯度渐变时，一个带状图案就已经被引进来，因为半色调印刷网屏通过图像模拟了微妙的色调变化（上方左图）。通过在梯度中添加噪声来分散或抖动颜色，给加网角度添加一个更随机的图案，这样的色带是可以避免的（上方右图）。

色调

　　色调是一种以10%到90%的满强度印刷的颜色，利用不同尺寸的半色调网点生成，这样就可以从承印物上获得颜色的稀释。

色卡书

　　许多色彩都是通过对标准印刷色彩进行处理后得到的，无论是单独的或组合的。这些都可以在展示不同色调样本的色卡书中看到。色卡书中有各种各样不同承印物的样本，使设计师可以看到色彩在不同承印物上是如何显示的，如涂布或非涂布。最终，观察色彩效果的最佳方法是通过测试印刷（左图所示），这样才能准确地显示每种色彩在期望的承印物上是否呈现出预期的颜色。

10% C
15% C
50% C
5% C
30% C
65% C
45% C
80% C
0% C
85%

多色梯度

　　许多梯度的特点是有单个或两个颜色，但也可以使用多个色彩或图案。一般来说，同样的原理也适用于普通的梯度，即浅色会出现色带，而强烈的颜色会互相干扰。

　　下面的插图显示了使用多色梯度作为叠加来产生微妙的视觉效果而不是仅提供色彩填充。它们产生的效果本质上是通过改变拍摄照片的光线条件实现的。梯度可以使图像的不同部分变为冷色调或者暖色调。这是通过将三个梯度中的每一个依次叠加到基图上（右图所示）来实现的。请注意，你依然可以发现梯度的形状，无论它是线性的还是圆形的。

原始图像

线性梯度

线性梯度是以一系列垂直步骤将一种颜色混合到另一种颜色中。混合色（此处为白色和蓝色）是由滑块控制的，这样设计师就可以确定混合的着重点。默认值介于两种颜色中间，但可以通过滑块改变。

多色梯度

此梯度具有多种颜色。梯度滑块可以移动，以使一种颜色到另一种颜色的过渡更尖锐或更巧妙。

径向梯度

径向梯度创建一个混合的圆形图案，使其从一个中心点开始发散。这种梯度可以用与线性梯度相同的方式控制，以改变梯度应用的着重点，给设计者提供精确的控制。

线性梯度将基图设置为"加网"。

多色梯度将基图设置为"变亮"。

径向梯度覆盖基图。

线宽

　　一个设计可以为箱子、铅线图案或其他图形干预提供各种不同的线宽，但也需要注意一些局限性。

了解线宽

　　要考虑的第一个变量是测量单位——线宽，这是规定好的，正如一些软件的工作单位为毫米，而桌面出版程序往往使用磅作为工作单位。大多数程序允许设计师改变量单位，以便统一地执行工作，以最大限度地减少印刷当中出现问题的潜在风险。

　　设计师也需要意识到印刷过程中的局限性，如通常所说的"发丝"宽度（默认设置，有时候等同于0.125磅宽），往往因为太精细而不能印刷出来。下面的图表显示了一些潜在的线宽印刷问题。

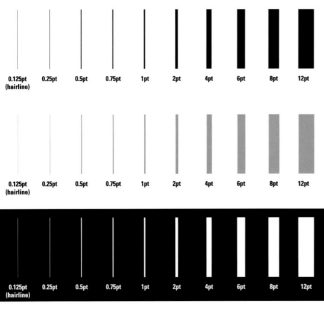

工艺流程线条

在实地色彩印刷流程中，通常提供精确的印刷来产生线条。在此处，甚至设置为"发丝"的实地线条也可以清晰地印刷出来。

CMYK

由于两个网屏用于生产具有不同尺寸的半色调网点的色彩，所以混合比例颜色的印刷线条不太准确。将这些网点像箭头一样校准成一条直线会引起明显的问题。

翻转工艺流程色彩

将一条实地线条从实地中翻转出来会产生很好的效果，但由于网点扩大，可能会出现细纹问题。

翻转CMYK

由于潜在的色彩套准问题，所以翻转CMYK线条不太准确。但正因如此，翻转后细纹反而很难产生。

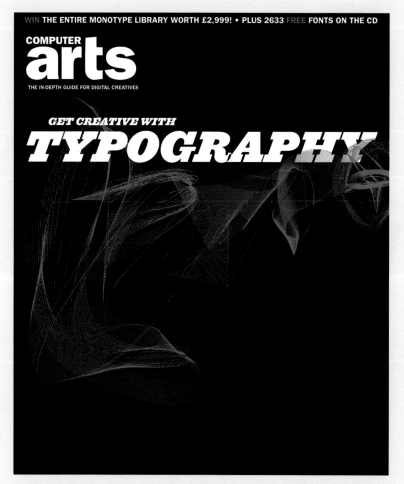

WIN THE ENTIRE MONOTYPE LIBRARY WORTH £2,999! • PLUS 2633 FREE FONTS ON THE CD

COMPUTER
arts
THE IN-DEPTH GUIDE FOR DIGITAL CREATIVES

GET CREATIVE WITH
TYPOGRAPHY

数码艺术（左图）

图为研究工作室创作的数码艺术杂志封面。它的设计特点是使用矢量图形线条来生成词形。由于这些线条中一些很精细，因而这是用特殊的工艺色彩印刷的。

伦敦呼叫（下图）

这个标志是由社会设计公司设计的，它的特点是使用减少线宽的同心规则来构建它里面的字母。

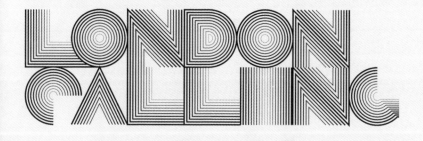

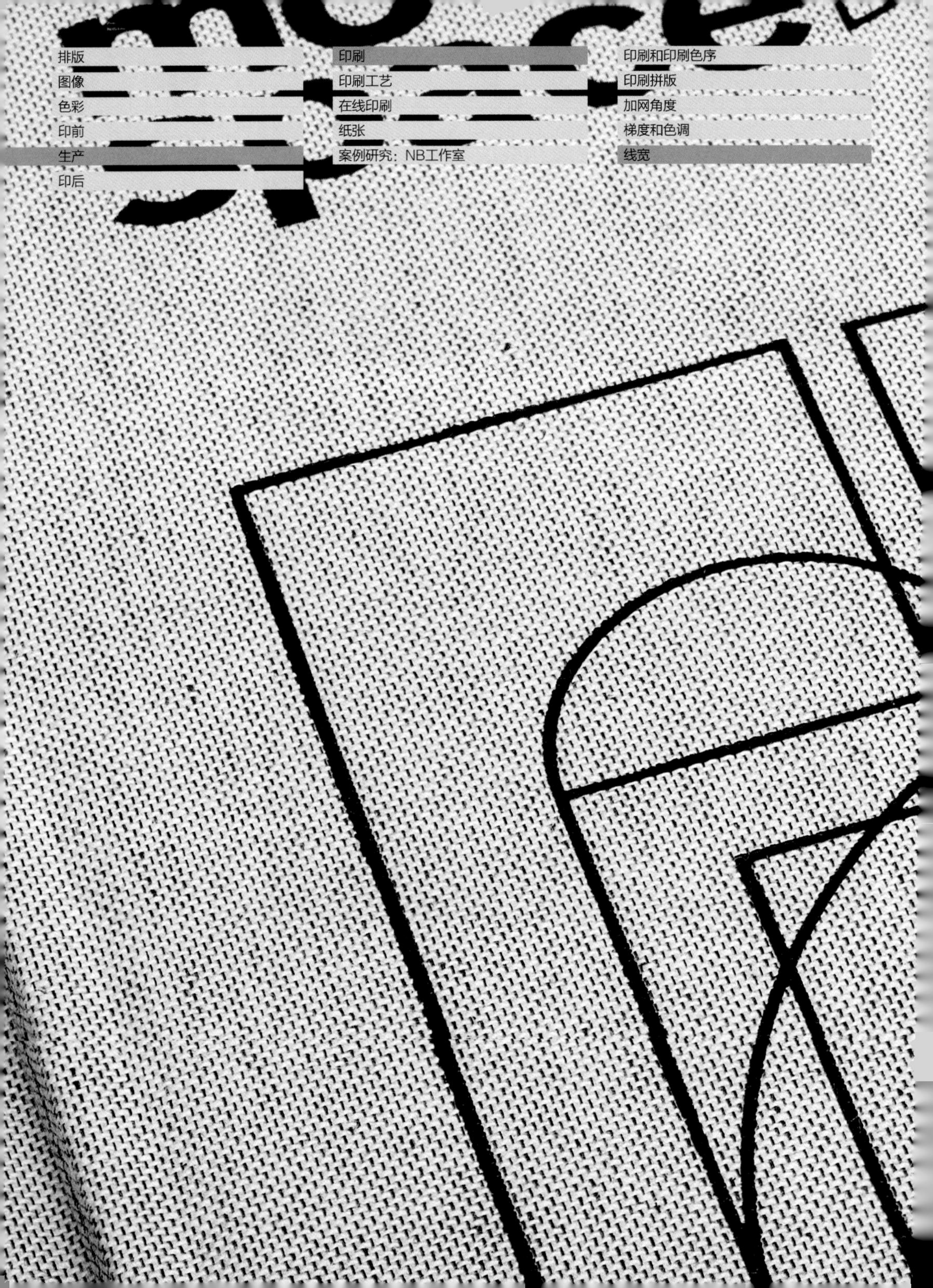

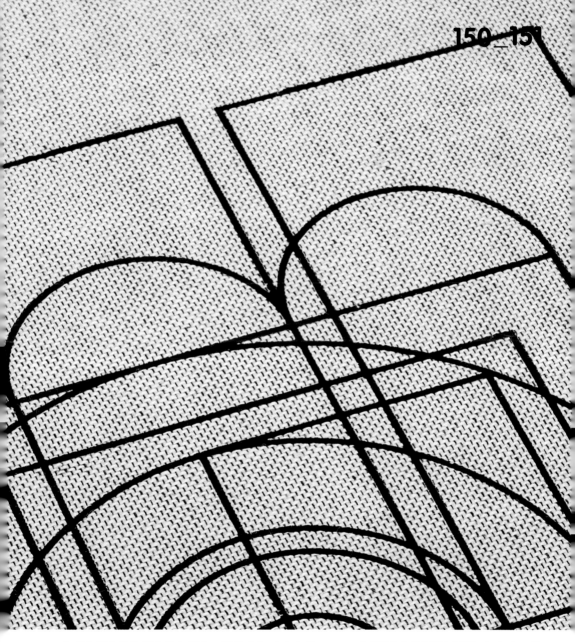

并不是所有的线宽都是相等的，因为它们可以在不同的承印物或不同的印刷过程中产生不同的再现效果。例如，比起丝网印刷或金箔烫印印刷激光打印机或平版印刷机可以印出更精细的线条。当设计新的作品时，设计师需要考虑生产方法，这样才能很好地再现设计。

产品样本由丹麦设计公司Designbolaget为奥尔堡精美现代艺术博物馆设计，为了展现艺术家乌斯曼·海牙，托马斯·萨拉瑟诺和乔基姆的互动展览。该设计的特点是将精细的线条设计用金箔盖在布面上。

印刷工艺

　　印刷是将印版上的油墨或清漆用压力施加到承印物上的过程。现代印刷技术还包括喷墨印刷，即将油墨喷在承印物上。

印刷方式

　　商业印刷行业主要采用四种工艺：胶版印刷、凹版印刷、凸版印刷和丝网印刷。所有这些工艺在成本、生产质量、生产速度或产量上各不相同。

平版印刷

　　平版印刷是将印版上的油墨图像转移或补偿到橡皮布滚筒上，然后再压在承印物上的过程。平版印刷使用的是平滑的印版，其功能实现依据油水不相容原理。当印版在墨辊下方穿过时，具有水膜的非图像区域排斥粘在图像区域上的油性油墨。

　　平版印刷可以在多种承印物上产生良好的图像复制和精细的线条。印版较容易制备且可以实现高速印刷，这有助于使其成为一种低成本的印刷方法。

　　胶版印刷既可以在单张纸印刷机上使用，也可以在卷筒纸印刷机上使用。单张纸印刷机用于低产量的生产，如传单、小册子和杂志等，而卷筒纸印刷机则用于大批量印刷工作，如报纸、杂志和报告等。

平版印刷机

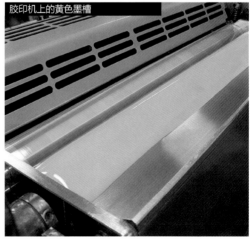
胶印机上的黄色墨槽

卷筒纸印刷

　　卷筒纸印刷使用的承印物是大规模的卷筒纸而非单张纸。这样就可以提高印刷速度，同时生产大批量印刷作业的单位成本也会更低。卷筒纸可以用于平版印刷，但更常见的是凸版印刷方法，如轮转影印和柔性版印刷，因为它们的印版耐印率更高。由于规模和这种生产方法的成本原因，其并不适合印数低的印刷产品。

不同的印刷应用将需要不同的半色调屏幕	
（高质量的印刷使用更精细的屏幕值）	
印刷方式	线/英寸
新闻纸印刷	85～110
卷筒纸胶印	133
标准单张纸胶印	150
高质量印刷	175～200

单张纸印刷

卷筒纸印刷机上的纸卷

卷筒纸及平版印刷的常见问题

　　胶版印刷的主要缺点是印数问题，因为该印刷方法的成本效益是通过中长版印刷来实现的。然而，对于高印数或极高印数，由于对印版的磨损，图像质量会受到损坏，所以一般用凹版来代替胶版印刷高印数的印件。

　　由于印版上的油墨/水平衡问题，颜色控制可能会出现问题，而水的存在会导致更多的吸收性基材变形。这样的话，密集的油墨膜就很难形成了。

墨屎或墨皮

在印刷图像上由变干的油墨、灰尘或者印刷机上的其他颗粒引起的斑点或其他缺陷，可以导致墨屎或墨皮的出现，如同上图所示的花朵。

套印不准

一个或多个印刷图像的错位，可能是由于在平版印刷过程中水的存在，会使承印物变形。在这里，套印不准显而易见是由黄色和红色色块引起的。

蹭脏

也被称为补偿蹭脏，这个问题是由于油墨从一张印刷好的纸张上无意地标记或转移到下一张纸张上，例如图中女士脸上的污迹。

色偏

在印版上不能保持一种恒定的和足够的墨水/水平衡，就很有可能导致色偏的出现，尤其是在长版印刷中，如上图即为色偏在景观中造成的色带。

活字版印刷

雕刻版印刷

凸版印刷

凸版印刷是一种将油墨通过凸起的表面压在承印物上的方法。活字版印刷是世界上出现的第一种商业印刷方式，也是许多其他印刷方式的来源。需要油墨涂染用于印刷的凸起表面可以由单个字块、铸造线条或雕刻版制成。凸版印刷方式可以通过锋利而精确的边缘来识别字母和较重的墨边。轮转影印是一种更为常见的商业凸版印刷过程，在此过程中，图像被雕刻到铜版上，直接压印到承印物上。使用激光或金刚石工具，细小的图文被刻在印版上，以保持油墨能够储存并顺利转移到承印物上，每种颜色都有一个单独的印刷单位。轮转影印是一种高速印刷过程，可以提供最高的生产量，也是使用最广泛的印刷机。轮

转影印适用于超大印数生产。

还有另外一种方式，该方式图像在印版表面上与铜版不同，称为柔性版印刷。该印刷过程需要创造一个橡胶浮雕的图像，然后涂染油墨后压印在承印物上。此印刷方式随印刷包装材料的发展而产生，印刷工艺属于传统的低质量再生产方式，但如今正在与轮转影印和平版胶印相竞争，尤其是它可以印刷幅面巨大的承印物材料，这是由其印版的灵活性决定的。柔性版印刷适用于中到大型的印量。

考虑到更快的干燥时间，与平版胶印相比，轮转影印和柔性版印刷都倾向于使用黏度较低的油墨来印刷。

福姆伦敦名片（上图）

这些名片是有福姆伦敦印刷工作室为自己设计制作的。它们的特点是字体从活字版获取，单词"comp"和"spools"指的是在凸版印刷方式中常用的两个术语。"spools"用于收集莫诺铸排机键盘上的文字，而"comp"是排版的缩写，需要人为地把文字排好后放到一个页面上。

油墨用于包含图像的丝网上

油墨透过丝网印刷到承印物上

完成的印刷工作

李维斯（上图）

此作品由凯特·吉布和罗布·皮特里为李维斯设计，特点是使用丝网印刷产生三色调来对不同部分上色，以突出服装特色。

丝网印刷

丝网印刷是一种相对低产量的印刷方式，在这种印刷方式中，粘稠的油墨通过由丝绸制成的丝网传送到承印物上，丝网上包含所要印刷的设计图文。丝网印刷虽然是一种相对缓慢、产量低且价格昂贵的印刷方式，但它能使图像印刷于各种各样的承印物，包括布料、陶瓷和金属等，这是其他印刷方式所不及的。黏稠的油墨允许使用特殊的颜色来印刷，也可以用来生成凸起的表面，这给设计增加了触觉元素。

婚礼用品（上图）

上图为Gentle团队设计工作室利用丝网印刷设计制作的婚礼用品。

在线印刷

当印刷稿件在印刷时，其上的色彩可以在印刷机上调节。这样的操作通常是为了实现色彩的一致性或纠正印刷过程中出现的任何色彩缺陷。

色彩调节

色彩调节可以在在线印刷时考虑由油墨密度或印版压力变化引起的颜色变化。印刷工人进行色彩调节，以确保正在印刷的色彩与那些校样色彩相同，这些校样是用作参考和/或合同校样。

校样标记

设计师经常需要检验一份设计稿件的湿打样，并在必要的地方修改色彩。设计师或印刷工人使用放大镜检查彩色产品的色彩控制条，并使用下图所示的符号准确地指定所需印刷颜色的变化，例如增加或减少色调的强度等。

色彩检查，基本工具

为了检查印刷稿件的色彩，一张从印刷机印刷好的单张纸，需要用彩色密度计来检查色彩，这是一个利用光源和光电管用来测量光密度的仪器，或者使用分光光度计也可以实现此目的。当使用特殊色彩印刷时，所获得的测量值可与从校样稿、色彩测试条或者潘通色卡样品上的色彩相比较。印刷工人也可以使用放大镜或单片眼镜去进行色彩设置的测试。

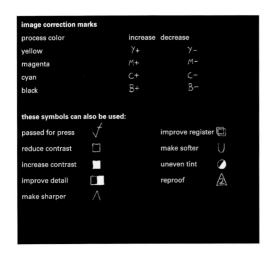

密度计

检查色彩的放大镜

品红+黄色

四色叠印　　　浅色　　　　星标　　青色+黄色　青色+品红

测控条

　　单张印刷品都有一个测控条，包含一系列预先定义的色彩，沿其边缘以便进行色彩检查。该测控条包括相加原色，减色法三原色以及叠印色，如上图所示，而星标允许印刷工人测试网点扩大。即使密度计的测量结果已经说明该稿件印刷是准确的，但稿件或多或少还是需要色彩运行才能作出判断，这是人类的本能。

印刷机

　　现代平版印刷机可以控制承印物上的色彩密度/印版压力，使印刷工人能够增量调整每种印刷色彩的平衡。印刷工人在印刷过程中定期从印刷机上抽出纸张，以检查印品色彩与样张色彩是否有差异。如果有必要，还可以重新调节，使用控制按钮（下图左侧）能够改变直接到达承印物上的油墨流动的不同垂直滑动效果。下面的例子有一个单独滑动的夸张色彩变化，展示了一种变化如何影响所有的印刷页面。

单张纸拼版

　　在印刷过程中，单张纸的拼版方式会影响多种色彩发生改变，如下图所示的例子，八个页面被印刷到同一视图中，这意味着在一个较低的页面上更改垂直墨条将对更高的页面产生影响。当所有的色彩都相似时，这通常是没有什么问题的。然而，孤立的实地色块，如黑色正方形等，可能就更难改变。在色彩之后运行一个保护色可以减少这样的问题，因为它会使用两种色彩，这意味着任何单独的色彩所起的作用都会减小。

印刷机控制台

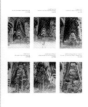

　　设计师可能计划一本出版物以垂直方向滑动来将强烈的色彩组合在一起，如例子中的黑色，因此就可以应用整个滑动来改变色彩。然而，更为常见的情况是实地色彩在一个非常浅色的页面，该页面所用色彩的量极少，几乎可以忽略不计，这就是为什么色彩校正问题在付印前打样阶段就必须要解决（见128-129页）。改变一个色彩来去除一块铅版会改变印刷品上其他元素的色彩复制，这需要时刻记在心里，因为很多稿件都是印刷8个页面或者是16个页面一起查看的。

纸张

设计师可以从各种各样的承印物中选择其中之一来进行印刷工作。在选择承印物的过程中，其尺寸、颜色、质地、成分、印刷适性以及其他各种因素对印刷品的影响都要考虑到。

纸张质量

纸张定量、纹理和纸张方向是为出版物选择和使用承印物时必须要考虑的关键物理特性。由于触觉的不同，不同的承印物会对设计的感觉产生深远影响。涂布承印物与非涂布的承印物或涂布粗糙的承印物有非常不同的感觉或触觉，例如那些可以用再生纸制成的承印物。

纸张定量

基于纸张的重量，美国使用的基本重量（债券、书籍、索引、封面、标签、点和平版印刷）和英国使用的GSM（或克每平方米），都是纸张规格的一部分。

纸张纹理

造纸机上生产的纸张有一定的纹理，因为纸张在抄造过程中其纤维是沿着造纸机的方向排列的。纸张纹理是大部分纤维的方向。这种特性意味着纸张易于沿着其纹理的方向折叠、弯曲或撕裂。

纸张方向

用于激光打印机的纸张中的纤维方向，如我们在办公室中能够找到的纸张，通常都有平行于纸张长边的纹理，以便它能更容易地通过打印机。

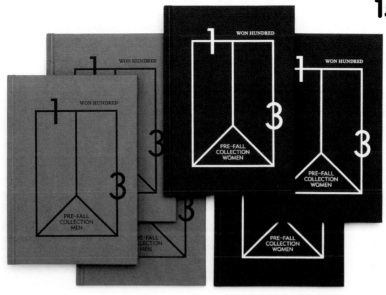

丹麦时尚品牌Won Hundred

上图是由丹麦设计公司designbolaget为时尚品牌Won Hundred设计的lookbooks封面，它们展示了如何使用不同的印刷工艺过程和不同的承印物可以产生惊人的结果。2013年早秋款（上图所示）的特点是在布面上烫了一个银箔，而2013年春夏款（下图所示）的封面特点是在再生纸上印刷了一个丝网图案。

纸张类型与印刷质量

　　许多不同类型的纸承印物可供设计师选择使用。例如，这本书就印刷在两种不同的承印物上：一种是哑光铜版纸，另一种是高光铜版纸。除了为印刷稿件增添不同的颜色和纹理外，这些纸张也有不同的印刷适性特征和成本。影响印刷适性的纸张特性包括纸张平滑度、吸收性、不透明度和着墨性等。下一页所设计的表格为一些主要纸张类型的特性提供了快速指导。

平滑度

　　这些承印物的光滑表面是通过使用填料元素获得的，有时可能会用辊压机进行抛光，所以它们通常也都很有光泽。

吸收性

　　承印物有不同的吸收性水平，这表示油墨渗透到承印物中的程度。印刷油墨在吸水性好的承印物上更容易快速干燥，但吸收性可能会引起网点扩大等问题。

不透明度

　　不透明度是用来描述在一张纸的一面印刷出来的内容，在另一面上可见的程度。高不透明度的纸张不会显示透过去的内容。

着墨性

　　这是一个承印物抵抗油墨渗透程度的参数，由于其相对缺乏吸收性，涂布的承印物可能特别容易出现油墨附着于表面的情况，因此相应地也会增加干燥时间。

这种由Phage设计的创作印刷于装饰承印物上。如今的设计师可以选择比以前更为广泛的纸质承印物。

纸张类型	特征	主要用途	次要用途	效果
非涂布纸	一种未涂布（无光泽）的承印物，放在手中感觉厚实牢固，适用于全色印刷。	增加出版物纹理，如年度报告等。	办公用纸和传单。	有纹理的承印物，且表面粗糙或无光泽。
铜版纸	一种双面涂布的高质量纸张，可提供良好的印刷表面，尤其对于半色调印刷，其中清晰度和细节是非常重要的。	彩色印刷和杂志。	传单、日历和宣传小册子。	有光泽、高亮度的表面，摸上去触感平滑。
铜版纸板	未涂布纸板。	封面材料。	传单和包装材料。	坚硬的承印物。
图画纸	较厚的白纸。用于墨水和铅笔画是特别好的。	办公用纸和年度报告。	邮寄广告。	有点坚硬的感觉，有几种不同的颜色。
镜面铜版纸	湿涂布纸张是由一个高温、磨光的铁桶压平（铸型）而获得了高光泽度。	杂志和宣传小册子。	宣传材料。	拥有光滑、高光泽的表面。
彩色纸	该纸张的一面涂布防水涂层以便进行凹凸印和上光处理。	标签、包装材料和封面。	应用于只需要单面印刷的事物。	单面涂布涂层，可以高光也可以哑光。
毛面纸	纸张使用植绒涂布，非常精细的羊毛表面。用于装饰封面。其他的涂层材料可能是垃圾或植物纤维粉尘，以得到天鹅绒般或类似布料的外观。	装饰封面。	包装材料。	有纹理的、装饰性的表面。
灰板纸	由废纸制作的有内衬或没有内衬的纸张。	包装材料。	封面。	质地粗糙，良好的体积和灰色。
机械木浆纸	使用木浆和酸性化学品生产，该纸张适合短期使用，因为它会迅速变黄和褪色。	报纸和号码簿。	杂志、插页、传单、优惠券和书籍。	比新闻纸亮度高，平滑度好，但非涂布且无光泽。
无碳复写纸	一种可以复制文本的无碳涂层纸张。一次可以复制文本2到6份。	表格和采购单。	收据。	施加压力会给随附的部分留下印记。
新闻纸	主要成分是机械木浆，这是最便宜的纸张，也完全可以满足标准的印刷过程。使用寿命较短，色彩再现较差。	报纸和漫画。	低质量印刷品。	吸水性较好，表面相对粗糙。
机器纸	拥有涂胶衬底。	封面承印物。	传单。	弹性质地。
非涂布道林纸	该纸张在非商业印刷中是最常用的纸张。大多数办公用纸和打印机/复印机用纸都属于这一类，虽然一些胶印等级的纸张也可用于一般的商业印刷。	办公室用纸（打印机和复印机用纸、办公用纸）。	表格和信封。	略显粗糙的白纸，表面无光泽。

尼特甜点

上图是由墨西哥机构Anagrama为尼特甜点这家品牌面包点心店设计的包装，其特点是使用了高度反光的银色承印物，使得其成为该身份的重要组成部分。完美是该品牌要求的主要特征。产品的质量被反映了出来。当你打开包装时，每一件包装的银色表面都给人非常纯净的感觉，这体现出糕点产品的天然成分，从而使他们在众多竞争者中脱颖而出。

可持续性

环境可持续性是客户和最终消费者现在都非常关心的一个关键问题，以减少生产和消费对地球资源的影响。企业积极致力于通过减少材料的使用和改变他们的购买习惯来降低对环境的影响，利用对环境影响更低的产品和服务为客户解决其需求。

可持续印刷

近几年来，可持续印刷一直是印刷业的一个日益增长的概念，许多印刷厂专门提供有利于环境保护的服务，以迎合消费者这种日益增长的需求，而这正是消费者想要有所改变的。

这一努力已经不仅是再生纸的使用，还包括其他技术的发展，例如无氯纸的使用，"无水"技术（避免异丙醇的使用，这是印刷业的主要污染物之一）和由亚麻籽和大豆植物油组成的环保油墨（代替传统的印刷油墨）。据国家非粮作物中心介绍，植物墨比传统的颜料转移媒介毒性更小，也更容易去除，从而简化了纸张回收过程中的脱墨过程。

图形设计师在这一行为变化中扮演着重大的角色，因为他们通常会对印刷稿件提出详细说明。设计师可以对混乱设计的细节做一些简单的变化，以减少印刷对环境的影响。这些变化包括减小网点大小，发送PDF文件而不是打印输出品，以及在稿件印刷开始阶段就获取印刷成本估价，这样可以灵活地调整版式尺寸以节约成本。

印刷消费者可以通过指定回收和/或环保产品的使用来履行他们可持续发展的职责，并尽量减少使用箔、光油、特殊品等，优化其他可能有较高资源利用率的处理方法。他们还可以提供更精确的工作规范，因为确实按需印刷变得越来越普遍，因此可以指定更严格的印数，避免产生额外的印刷费用，同时也可以节约材料以及运输和储存成本。

人们通常认为环境保护意识就意味着产品质量的取舍，因而许多印刷行业的客户都不愿意接受。然而，许多环保产品和技术产生了高质量的成果，值得大家记住的是，再生纸是如何从劣质产品发展到成为如今这么好的产品的。

环境ISO 14000认证

ISO 14000是一个国际标准，确保企业遵循环境管理标准，以减少其业务对环境的负面影响，除此之外，还要遵守所有相关的当地和国际法律的规定。

《世界》

图为由施德明公司为出版商哈里·N·艾布拉姆斯公司设计的《世界》，这一出版物主要是发布关于科学发展、工程、建筑、商业以及政治等的报告，其特点是采用模切书套工艺，随着时间的推移，书套颜色会随着直射光线的变化而改变。

弗罗斯特

这本弗罗斯特的新书，由悉尼的弗罗斯特设计制作，展示了其从第一年开始经营到如今的工作，并使用植物油墨印刷。

案例研究：

留学生公寓
NB 工作室，英国

　　NB 工作室（NB Studio）的任务是为伦敦一个引人注目的新商业开发项目创造一个品牌形象。简单来说，就是创建一个品牌形象，该形象可以反映发展的质量，追求和品味，并且其将被用于一系列的营销抵押品，以帮助政府吸引投资者。最终设计结果包括一份引人注目且不同寻常的印刷产品。

　　NB工作室必须设计出一种灵活的品牌标识，并适合大多数受众。"像这样的混合用途发展是非常有挑战的，因为受众的需求多种多样：留学生公寓坐落在牛津街（在那里你基本上是卖给零售商）和伦敦的上流住宅区（在此处你的目标是商业办公室和居住区业主）。"

　　解决方案是一套视觉识别元素，灵感来自建筑的震撼设计，并将所有单独的元素保持在一起。设计中的同心圆作为一个象征，将建筑发展的不同元素和不同组合的投资者联系在一起。圆形的主题足够灵活，可以贯穿在整个设计中进行传播，从定制的字体、雕塑甚至包装饮用水的建筑物自有品牌都可以。

　　"我们观察了这座建筑的线条和流动的形体，以及现役设计师沃尔特·贝利为大堂所制作的雕塑作品。我们还得到了沃尔特的小型作品，看到了他是如何利用电锯和喷灯创造了那些令人印象深刻的木制雕刻品，"杰米·布瑞茨说。

　　从使用同心圆到创建品牌身份，并将其推断为定制的字体，这其实是一个很短的步骤"当使用精细线条来设计同心圆时，我们尝试使用印刷形式，这在推销这栋建筑时给了我们一个独特的字体显示。这也给我们的视觉工具包提供了一个非常有价值的元素，意味着以后的设计决策变得更容易了"。他说。

留学生公寓

图为装留学生公寓小册子盒子的木质封面。此盒子所用材料为中密度纤维板，拥有激光蚀刻和丝网印刷的橡木外饰，还配有磁钢密封圈。

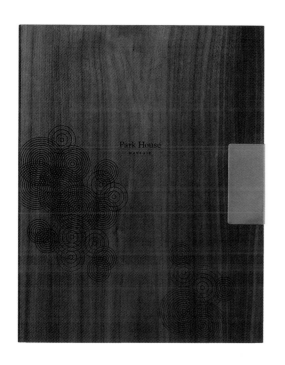

"像这样的混合用途发展是非常有挑战的，因为受众的需求多种多样：留学生公寓坐落在牛津街（在那里你基本上是卖给零售商）和伦敦的上流住宅区（在此处你的目标是商业办公室和居住区业主）。"NB工作室的杰米·布瑞茨说。

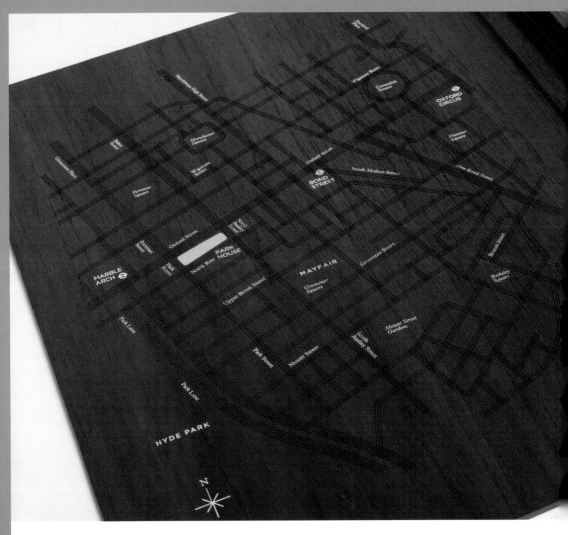

营销材料反映了对细节、高生产价值和独特材料的关注，这些材料构成了研发设计故事的一部分。销售包装包括一个装有宣传册和艺术书籍的木盒子。盒子是激光蚀刻和丝网印刷的，并配备了磁钢密封圈。这本宣传小册子使用了三原色印刷和另外三种特殊颜色，并配有一个烫银箔的封面，而艺术书籍则使用了黑色和四个特殊颜色与同样配有一个烫银箔的封面。

"盒子里的宣传小册子和其他内容被用作销售工具，主要目标是伦敦上流住宅区的商业市场。所以，简而言之，我们谈论的人是那些会花很多钱，并且需要线索和保证来留学生公寓是一个合理的商业决策，以及一个勇敢的声明。木盒子的灵感来自于研发中使用的奢侈材料。我们努力工作，选择能够传达技术的材料和土地担保，以及他们的建筑师在留学生公寓中获得的设计证书。"他说。

上图所示为一系列图片，展示了激光蚀刻和丝网印刷在留学生公寓小册子的橡木盒子外饰上的应用。

第6章

印后

　　本章涵盖了一个广泛的过程，一旦承印物完成印刷后，就需要提供印后的诸多设计工艺。这些工艺过程包括模切、装订、特种印刷技术、层压、上光、折页、烫箔和丝网印刷等，所有这些工艺都可以使一个样貌普通的设计转换成更有趣和充满活力的作品。

　　印后工艺可以给印刷品添加装饰元素，如闪闪发光的金银箔或一个浮雕的纹理。它们还可以为设计作品提供附加功能，甚至可以成为出版物格式的组成部分，例如，一个保护承印物的哑光叠压层，就可以使其使用更长的时间。

　　虽然印后加工技术的应用标志着生产过程的结束，但这些技术不应该是事后才被想起，其作为设计的一个主要组成部分，在设计初期就应该对其进行充分考虑。

艺术和手工艺运动
这本书的封面是由韦伯和韦伯设计工作室为出版商——费顿出版社设计的。其特点是由维多利亚面料设计师威廉·莫里斯在温德拉什壁纸上设计的深浮雕。

特种技术

特种技术，如特种印刷，为设计增添了额外的修饰和价值刺激点。

特种印刷

某些印刷技术允许设计师产生一些不同于标准平版胶印技术所能产生的东西。这些技术可能花费更昂贵，因为其所需的额外设置时间更多，而且其生产的数量较少，但是他们确实可以帮助提升和增加设计的价值。

凸压工艺

凸压工艺使用金属模具将其上的图像从承印物下部压印上来，将图像留在承印物的凸起部分。由于设计作品需要通过承印物向上推起来，所以通常将设计作品制作得略大一些，在文字之间的线条要粗一些，空间也要留大一点。较薄的承印物比厚的承印物能够显示更多的细节，但太复杂的设计不会很好地再现。通常来说，较厚的承印物需要更粗的线条，因为图像必须要压到更多的纤维才能更好地再现。涂布过的承印物可以更好地再现细节，但涂布层可能会开裂，这意味着非涂布承印物可以更好地进行深度凸压。也可以添加金属箔来着色，如上图所示的由社会设计所为饲养员的"完美的青春图画"创作的CD包装。铜和黄铜模具更耐用，应该用于高印数的稿件、使用较厚或粗糙承印物的稿件以及那些需要体现更多设计细节的稿件。

凹压工艺

凹压工艺使用金属模具将其上的设计内容从承印物的上部压印下来，将设计内容留在承印物的凹陷部分。凹压工艺和凸压工艺的工作方式是一样的，承印物都同样需要考虑设计的文字、线条和空间等的尺寸适用性。然而凸压工艺由于表面凸起表现的往往是最重要的部分，凹压工艺恰恰相反，最终形成的是凹表面的阴影，正如上图中看到的这本小宣传册，是由第三眼设计公司为苏格兰羊绒制造商贝格设计的。凹陷的阴影使字体看起来像是大理石雕刻的，因为在白色的承印物上产生白色的效果，给人以永恒和优雅的感觉。

怪物墨水（对面页）

下一页的图片是由NB工作室为其自己设计的万圣节派对邀请。它们的特点是使用詹姆斯·格雷厄姆的怪物插图，将其以丝网印刷的方式用发光油墨印刷于黑色的承印物上，与那些在黑暗中发光的作品相比，更给人一种黑暗、对比明显的感觉。

THE BENALANICK
(Nocturnas Beastius)

THE BENALANICK
(Nocturnas Beastius)

THE BENALANICK
(Nocturnas Beastius)

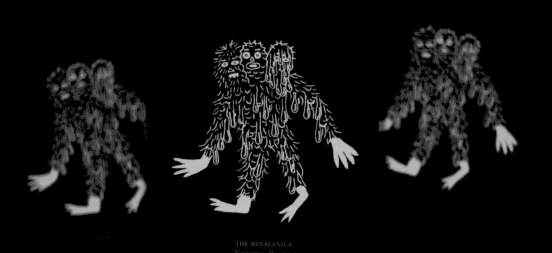

THE BENALANICK
(Nocturnas Beastius)

费德里戈尼

这么一个凸压金属箔的实例，由Phage用来制作意大利奢侈品纸业制造商费德里戈尼的年度促销日历。通过展示由费德里戈尼提供的奢侈品范围内不同的承印物，该设计为设计意识强的受众提升了他们的产品品质。

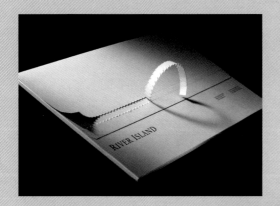

孔状接缝

孔状接缝，或者说叫穿孔切割，是一个能够造成承印物切口图案区域削弱以便可以将其轻松分离的过程。上图是一个由第三眼设计公司为时装零售商河岛（River Island）设计的邮寄广告包，其特点是承印物上具有穿孔。

双面工艺

双工是将两种不同的承印物黏接在一起形成一种承印物，这种新的承印物两面拥有不同的颜色或纹理。上图是由海洋设计工作室为纸业零售商GF·史密斯设计的邀请，其特点是双面承印物突出了客户对纸张承印物两面的不同特性。

烫箔

烫箔工艺是一种通过加热刚模将彩色箔片压印在承印物上的过程，也称其为盖箔，热压印或凸压箔，其工艺允许设计师增加一个闪亮的效果来完成特定的设计元素，如上图所示的铜箔烫印的标题文本，由安纳格拉玛为泰国房地产开发区设计。

热熔印刷

热熔印刷是一种印后工艺，通过在熔炉里融化热熔色粉后将其附着于设计作品上以产生凸起文字。上图所示为海洋设计工作室为丽莎普里查德公司设计的圣诞贺卡。其文本已经将热熔图像印刷成凸起的文字，活泼、斑驳的文字表面极易识别且非常有触感。

裁切方式

模切、激光切割和分层切割都是去除部分承印物以创造出各种不同形状的方法。

模切

模切使用刚模来切掉设计的特定部分。它主要用于将装饰元素添加到印刷稿件中，并增强印品的视觉功能。

彼得和保罗（左图）

这张名片是由彼得和保罗设计工作室为自己创作的。彼得和保罗共同使用这张名片，因为它的一面是彼得的名字，而翻过来另一面则是保罗的名字。附加的信息凸压到斑驳的黑色承印物上，创造出一种极有触感且难忘的感觉。

萨利·德尼（下图）

作为室内设计师萨利·德尼身份的一部分，由Phage为其设计的办公用品，特点是具有模切荷叶边。

激光切割

　　激光切割是用激光而不是用金属工具在承印物上切割形状。与钢模相比，激光切割能产生更干净的边缘和更复杂的图案，尽管激光的热度会灼烧切割的边缘。更快的设置时间意味着更快的印件转换效率。

激光切割卡片（左图）

左图激光切割的实例由Blok设计公司创作，作为帕拉·拉休达实验室身份的一部分，该实验室是墨西哥城市政府成立的一个组织，目的是培养和提升城市的创造力和创新能力。请注意，切割边是如何被激光灼烧的，这增加了一个有趣的附加视觉效果。

分层切割

　　这是一种模切方法，通常使用不干胶的承印物，在不干胶的表面进行模切，但要保留它的背衬完好，以便去除模切掉的切料。分层切割在贴纸生产中是很常见的。进行分层切割处理的插图需要包括一个刀具导轨，如下图所示，一个常见的分层切割形式称为Crack-Back，这是艾利法森旗下的一个品牌。

分层切割卡片

这是由Blok设计公司创作的分层切割实例，作为帕拉·拉休达实验室身份的一部分，并且此处用来制造了不干胶贴纸。

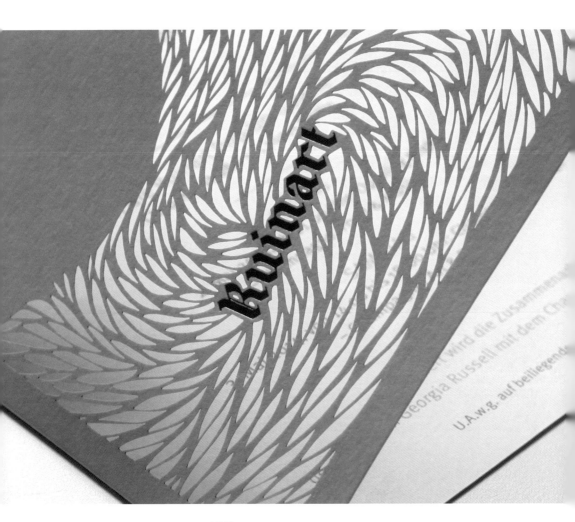

瑞纳特

图为克洛曼设计公司为世界上最古老的香槟酒庄瑞纳特设计的一封邀请函，旨在推广其新产品，该邀请函的设计源自于白中白香槟收藏品限量版包装的激光切割外观，由苏格兰艺术家乔治娅·拉塞尔设计。克洛曼公司通过激光切割和热箔烫印技术在纸质承印物上再现了该设计。

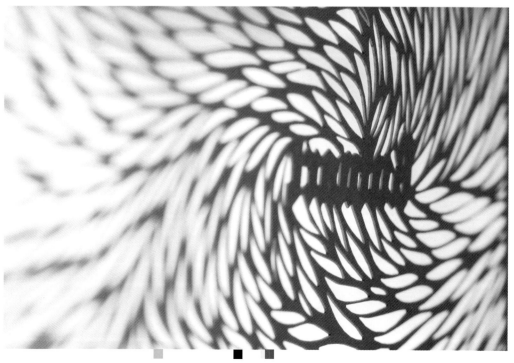

层压和上光油

层压和上光油是印后加工中用于给印刷稿件增加表面光泽度的最后一道工序。

复合类型

层压材料是一层塑料涂层，它被热封在承印物上以产生光滑和不渗透的印后加工效果，并将一层保护膜覆盖到承印物上。光油是一种无色涂层，用于印刷品上以保护其免受磨损或被蹭脏，并增强设计或其内部元素的视觉外观，如局部上光等。

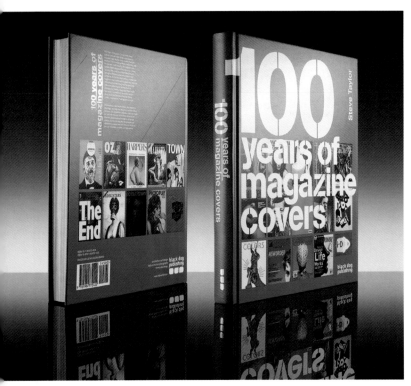

杂志封面100年

图为杂志封面100年，是一本由史蒂夫·泰勒撰写并由研究工作室为黑狗出版社设计的书。它的特点是封面局部紫外上光和圆背装订，给整本书添加了特殊的触摸感。

插图	阳图上光图层	阴图上光图层
		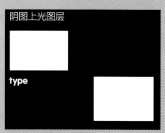
上图是一张准备进行上光处理的插图示意图。	此图像显示了一个阳图上光应用文件，其中的图像将接受上光处理（草茎）。	此图像显示了一个阴图上光文件，在非图像区域将进行上光处理，而图像则保持不变。

能进行层压或上光处理的插图

印刷品表面的任何部分都可以进行局部层压或上光。为了实现这一点，设计师必须发送一个单独的文件来显示将进行局部层压或上光的确切位置。该文件在黑色的背景中包含了局部层压或上光的插图显示，这是因为此区域是一个无筛选的纯色区域，而所有其他区域都是白色的。上光和层压可以用不同的方法产生各种各样的效果。

例如，阳图上光可以应用到上面的页面来覆盖文本和图像。相反地，阴图上光可以用于未印刷的区域。应用上光工艺可以增强在哑光承印物上印刷的元素。如果在高光承印物上印刷，哑光光油应该用于遮盖选定区域的光泽，使其变暗，并让未上光的区域表现突出，成为焦点。请记住，所有黑色的事物都可以上光或层压，而所有白色的事物都不能上光或层压。

光油类型

高光

当印刷高光光油时，色彩显得更丰富、更生动，因此照片显得更清晰、更饱满。由于这个原因，高光光油经常用于小宣传册或其他摄影出版物的印后加工处理。

哑光（阴暗）

与高光光油相反，哑光光油会使图像的外观柔和。这也将使文本更容易阅读，因为它散射光线，从而减少强光反射。

素净色

这是一种基础的、几乎看不见的涂层应用，它能在不影响印品外观的情况下密封印刷油墨。在哑光和锻纹纸上，它经常被用来加速干燥快速转换的印刷稿件（如传单），因为这些纸张上的油墨干燥较慢。

珠光

一种能巧妙地反射多种颜色以产生豪华效果的光油。

缎纹（或丝绸）

这种涂层往往代表高光和哑光光油之间的中间点位。

有纹理的局部UV

纹理可以通过局部UV光油的使用添加到一个设计中。这些纹理包括砂纸、皮革、鳄鱼皮和浮雕等。

UV光油

UV光油可用于已经印刷好的纸张上，通过暴露于紫外线辐射下进行干燥，以获得一个比其他印品更光滑的涂层。使用这种光油印刷的页面给人光亮的感觉，但稍微有点粘。UV光油可用于整个出版物（全幅UV）或设计的某些部分（局部UV）。

层压材料种类

哑光

哑光层压材料有助于散射光线和减少强光反射，以此增强具有大量文字设计的可读性。

缎纹

这种层压材料提供了介于哑光和高光之间的光泽度。它突出了一部分内容，但并不像哑光层压材料那样整体平整。

高光

高反射层压材料用于增强图形元素和封面上照片的外观，因为它增加了色彩饱和度。

沙色

这种层压材料在设计中创造了一种细微沙粒的感觉。

皮革

这种层压材料能够给设计作品带来一种巧妙的皮革质感。

折页与裁切

　　折页包括一系列不同的方法，使印刷好的稿件变成更紧凑的形式或拥有更鲜明的特征。

折页类型

　　大多数的折页技术都是利用基本的峰谷对折法来形成一系列的高峰和低谷。

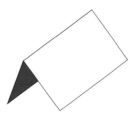

谷折法

　　谷折法是保持水平方向不变，在其底部有一条中心折痕，沿折痕向上折起形成两个侧面。

山折法

　　山折法是保持水平方向不变，在其顶部有一条中心折痕，沿折痕向下折起形成两个侧面。

NB工作室的卡片
上图是一张由设计工作室——NB工作室为自己设计的圣诞贺卡，其特点为一系列的箱形台阶折页，通过该折页方式，可以增加和减少不同侧面面板的尺寸。

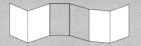 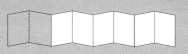

前/后风琴式折页法：此法有三个平行折页，两个侧面往里折，中心面向外折。双面中心作为封面。

口琴自封面折页：折页的前两个页面形成封面，其余页面折到内部。前两个页面要比其他的页面略大一些。

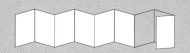 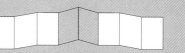 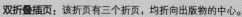

模拟书籍折页：基本上是风琴式折页法，倒数后两个页面形成封面，其他页面折到内部形成一本书。

双折叠插页：该折页有三个折页，均折向出版物的中心。

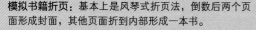

前/后折叠插页：在前页面和后页面内侧增加一个双折页。

倾斜标签折页：承印物顶部被削减成倾斜式样并进行风琴式折页，以呈现出页面从前到后不断增大的过程。

  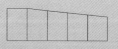

三平行折页：平行折页生成一个剖面，将封面和前开口包裹进去。可用于地图等。

标签折页：承印物顶部被平行裁掉并进行风琴式折页，使每一对页面的大小从全尺寸页面逐渐减少。

   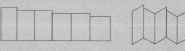

前/后折页：中央页面的两边都有一个平行的双面折，这样他们就可以折叠起来覆盖住中央页面的两面。

渐进折页：承印物在折页之间利用逐渐变宽的页面进行风琴式折页，使每个页面的大小从前到后依次增加。

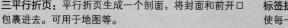  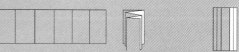 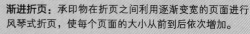

背后半拍套折页：风琴式折页，在倒数第二个页面形成一个后封面，其他页面折叠后形成一本书，但是背后的半拍套封面需要折到前面，与前面的另一个半拍套封面结合起来形成一个完整的封面。

交错折页设计：承印物从顶部和底部被水平地切掉，使每一个连续的页面比它前面的页面小一些，并使用风琴式折页。

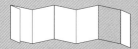 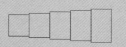

Z形折页：Z形折页的翅膀折到中心页面，让两个翅膀在中间相遇。

盒式折页：印物顶部被水平切掉，使每个页面的大小从全尺寸页面逐渐减少。风琴式折页。

 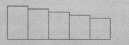 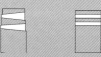

裁剪与裁切

　　一旦稿件印刷完成后，随即进入印后加工阶段，开始进行诸如裁剪之类的过程，根据设计要求通过裁剪印品上多余的物料以得到最终的设计版式。虽然裁剪工艺可能超出设计师的设计范畴，但与印刷人员或印后加工公司讨论裁剪要求可能会得到一些有用的信息，这有助于使设计作品更加完善。

裁刀

　　裁切机上有裁刀，它被设计师安装在裁剪标记下面。印刷页面要保持牢固，在高压下裁刀下降将承印物切断。

　　由于通常有大量的单张纸一齐被裁切，所以裁刀在穿过这些纸张时会有向前滑动的倾向。这可能会导致纸张卷边变形，因此需要将其牢固地固定在某一个边缘。对于较轻的承印物，则需要提供更多的数量以达到固定的目的。

NB：工作室圣诞卡（上图）

图为由NB：工作室为其设计的圣诞卡，特点是不同尺寸的设计书页进行折页处理后缝合在一起，这样当打开每一页时，其封面就折向其背面，他们就会产生非常特别的圣诞树效果。

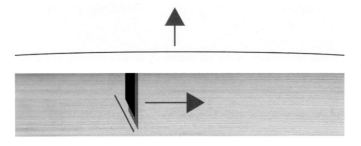

当纸堆牢固地固定时，在其中间应如弓一样向上拱起。

当裁刀切开纸堆时，裁刀会有向前滑动的倾向。

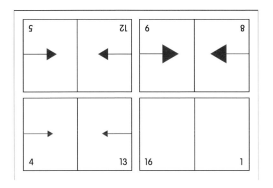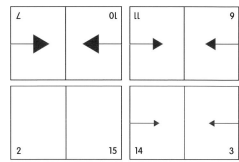

为补偿蠕变而改良印品

书籍通常是由折页的书页组成的，它们相互嵌套在一起后装订成册。因此，它们可能受到蠕变，即内页延伸到外页的过程，尤其是对于较厚的承印物。然而，出版物可能在设计之初就考虑过潜在的蠕变问题了。

现代印后车间通常的特征是有一套计算机控制系统，以确保裁切的一致性和准确性。

高印数的书籍和杂志可以在三面刀裁切机上进行裁切，

这是一种两次裁切三个边的裁切机。前刀先切，其余两刀同时切掉顶端和尾端。

切纸机是一种单刃刀具，有重型刀片在立式转轮之间降落。切纸机上有一个用来堆放待切材料的工作台；一个可移动的后规或防护，它垂直于工作台，并与纸堆的后边沿相对；压紧或固定要切割的纸堆前边沿的压块或压板；还有切割器。现代切割器的特点是有自动间隔，使后规在每次切割后向前移动一个预先设定的距离。出于安全原因，机器控制被设计成必须要使用双手操作才能激活切割操作系统。

此插图为大家展示了其中一个部分中的页面嵌套是如何使在裁切边缘的多余纸张突出的。

超出限度和数量

　　一旦一份稿件印刷完成后，它就会被送到客户那里，或者如果需要进一步进行印后加工处理的话，则会发送到印后车间。如果印刷订单是1000份，那么你当然会期望正好完成1000份的交付，但是这基本上不太会发生，因为当印刷机正在运行时，或者为了得到准确的色彩等，会浪费很多过版纸。如果稿件被送到印后车间进行局部UV印刷、模切、烫箔等印后加工工艺，印刷人员通常也会在设置他们的设备时印刷更多数量的印品，以弥补在印后车间的浪费。

　　根据你与公司的关系，印刷机可能会超额印刷（你的文件额外副本）。但是，除非你特别要求至少要印刷1000份，否则你可能最后拿到的成品不够1000份，这是由于印刷过程中多重工艺的损耗，1000份印刷品可能被消耗掉一部分。印刷人员不会因为缺少了50份成品而重新启动印刷机，而且在法律上也不需要这样做，所以最好的办法就是与印刷人员沟通，并明确说明最终需要多少份成品。

装订

　　装订确实将印刷稿件聚集到了一起。但是除了这个关键的实用性作用外，装订方法还具有可视性和可用性的作用。

装订

　　装订是一个印后加工过程，通过它将构成成品的各个页面牢固地连接在一起，并使它们成为一个完整的出版物。不同类型的装订方式可以满足不同的需求，影响出版物的耐久性。此外，在把书页固定在一起的时候，装订可以增加它所包含材料的叙述，也可以作为成品质量的视觉标志，这是因为增加了对细节和一些装订技术带来的成本的关注。

　　有很多不同的装订方式可以使用，他们都有不同的耐用性、美观性、成本和功能特性，如下一页图中所示。

Anagarama（下图）

下图是由Anagarama为Yachtsetter设计的一个文档钱包，作为品牌项目的一部分，Yachtsetter除了提供服装生产线和其他配件外，还提供游艇和船舱出租的服务。该品牌一直在探索优雅和娱乐的结合，在航海语言和赛船会里寻找它的灵感。这个文档钱包的功能是集存放和储存文件于一身，并且Anagarama创造了一个封闭的结构来装订钱包，与此同时也表达了航海世界中的索具和吊坠。

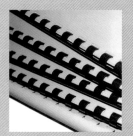

梳式装订

一种塑料环的书脊（梳子），用来装订和将文件展平打开。

螺旋装订

螺旋金属线穿过打好的孔洞，允许出版物展平打开。

钢丝装订

一种金属环的书脊（钢丝），用来装订和将文件展平打开。

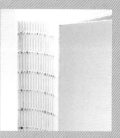

开放装订

无封面的简装书籍，书脊暴露在外。

腹带

这是环绕出版物的印刷腹带，通常用于杂志上。

线装

这是一种通过一根连续的线将页面缝在一起的装订方式。

松紧带

这是一种非正式的装订，通过松紧带把页面绑在一起并在页面中心进行折页。

夹子和螺栓

这是一个把松散的页面紧固到一起的装置。这通常需要一个冲孔或钻孔以便使用螺栓或夹子穿过其中。

无线胶订

将书脊部分去掉一部分后用柔性胶黏剂粘合，再将纸质封面粘在书脊上，并将其边缘修剪平整。通常用于平装书。

活封面或精装

书页叠被缝合在一起，书脊扁平，并需要使用衬纸，上下端的堵头布要与书脊相连。最后粘上精装封面，沿封面边缘的凹槽起铰链作用。

加拿大装订

这是一种由环绕封面和封闭书脊组成的绕型出版物。一个完整的环绕封面是全加拿大装订，部分环绕封面是半加拿大装订。

骑马订

书页叠嵌套在一起后用金属线缝合，金属线通过书脊沿着折页中心进行缝合。

书籍装订和附加价值

　　书籍装订涉及多种工艺才能最终获得成品书。使用材料的质量和细节设计能够增加设计作品的价值，往往是用很微妙的方式，结合经验的运用使书籍更丰富，也更有趣。

　　构成书芯的多个部分要么缝合在一起，要么粘合在一起。书芯可以是特定形状的，也可以是弯曲的。精装书使用更结实的纸张作为衬纸，为封面提供可粘附的材料，增加的书脊上下端的堵头布可以为装订书籍的顶部和底部提供保护，同时也提供了装饰效果。

　　精装书为设计师提供了许多创作的机会。硬壳封面的表面可以是皮革、丝绒、亚麻布或其他材料，也可以使用丝网或烫箔处理，衬纸上也可以进行设计，上下端的堵头布颜色也可以选择，还有例如书籍内含的页面标记色带等。

　　某些装订技术还可以通过将书芯拆分的方式，如使用"Z"形装订的方式，来帮助加快出版物的速度。

色带

　　一条色带可能被固定在上端堵头布上作为页面标记。右图所示为由汤普森工作室制作的精装书，其特征是金色的页面标记色带，创造出一种红色封面与金色箔块的经典组合。

衬纸

　　衬纸是保护文本块不受封面纸板影响的页面。它们通常不会受到重视，所以经常是空白页面，但是正因为它们空白的特点，给设计师提供了设计的空间，设计师可以添加一个视觉元素来给出版物一种特殊的触感，正好隐藏于封面内。它们通常是由一种结实的承印物如弹壳纸制作而成。

古董收藏家俱乐部

　　图中所示衬纸是由韦伯和韦伯为古玩收藏者俱乐部出版的诸多书籍中的一本设计的，这一系列书籍的特点是创造性地使用了衬纸。这有助于增加独立书籍的趣味性，也能给整个丛书创造一种凝聚感。

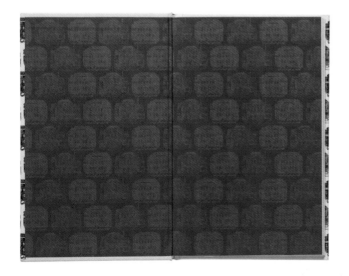

营销手册

这是一本瑞士装订的小册子，是由Phage为伦敦地产开发商Studioloop's Wyndham Place设计的。此出版物运用了鸽子灰与金色的色彩调色板，还使用了质地粗糙的承印物和封面材料的参考色，最后使用印后加工处理将其特性从始至终体现出来。

瑞士装订

瑞士装订是一种针对软封面的装订法，这种装订法是将后封面先装订好，然后再将前面的封面装订好，这样，当打开封面的时候，书脊是裸露在外面的。书芯是分散开的，并且它的书脊可以暴露在外面，也可以用纺织物一类的材料在装订书本封面之前将其先覆盖。这种装订不仅增加了出版物的稳固性和耐久性，也提供了一种优雅的印后处理，而这也恰恰给了设计师们另一种可以发挥创作的元素。

Z-装订

Z形装订的特点是Z形封面是用来连接两个分离的书芯的，尤其是可以将两个部分完美地装订起来。这同样也提供了又一种分离不同类型内容的功能性方法，例如分离相同内容的不同语言版本，或者是分离正文和附录等。然而，对于大型的出版物，如果封面承印物不能充分稳固地支撑纸张的重量，那么这种装订方式可能就不是很适用了。

橙子（右图）

此出版物由Thirteen为移动通讯公司的抚恤金计划设计生产，命名为橙子，特征装订方式为Z-装订，用以分离其包含的两种不同信息元素。

案例研究：

海厄特旗下阿玛多
Anagrama，墨西哥

　　墨西哥设计代理Anagrama受海厄特委托，为专门服务于海厄特宾馆大厅的墨西哥烘烤和糖果精品店"阿玛多"打造一个可视化品牌。

　　挑战之一就是为十多种彼此分隔并连续的包装元素进行设计。创意总监迈克·埃雷拉说："印刷的十四种包装设计不管是在目前还是将来的应用中，都是灵活可变的设计。"

　　该品牌建议以两个标志性的墨西哥伟人——诗人阿玛多·内尔沃和建筑大师路易斯·巴拉甘来创建一个视觉解决方案，将传统的手工面包店的精致艺术推向一种新的对比鲜明的现代主义水平。海厄特旗下的阿玛多致力于汇集浪漫与经典的阿玛多·内尔沃诗集精神和墨西哥建筑大师路易斯·巴拉甘的现代主义风格。

　　"这个项目必须是墨西哥的，也是优质的和现代的。"创意总监迈克说道，这意味着让典型的墨西哥陈词滥调离我们而去。"我们想要摆脱那些全民制作的手工艺性的纪念品及与此相关的所有社团。想要获得那些视觉上未被过度开发的想法是非常困难的，就比如前西班牙文化、盗匪和糖骷髅等。"

包装元素（对面页）

图为由Anagrama为海厄特旗下的阿玛多设计的包装元素和细节，其特征是表面烫金以帮助创造材料和色彩之间的对比度。

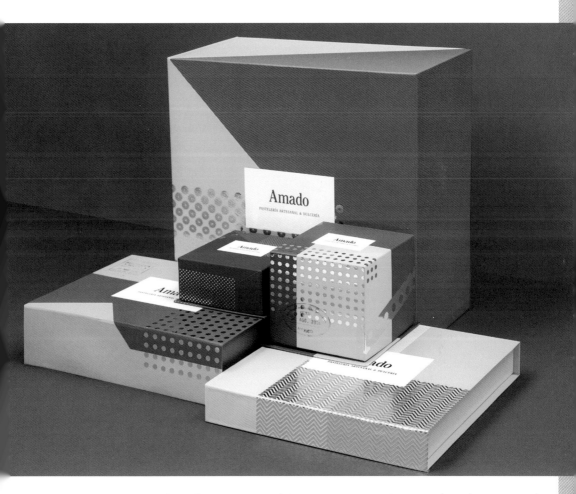

"完成的作品触感带给人们材料与光照下色彩的不同对比度，而且并不是所有的材料都有相同的反射效果。"

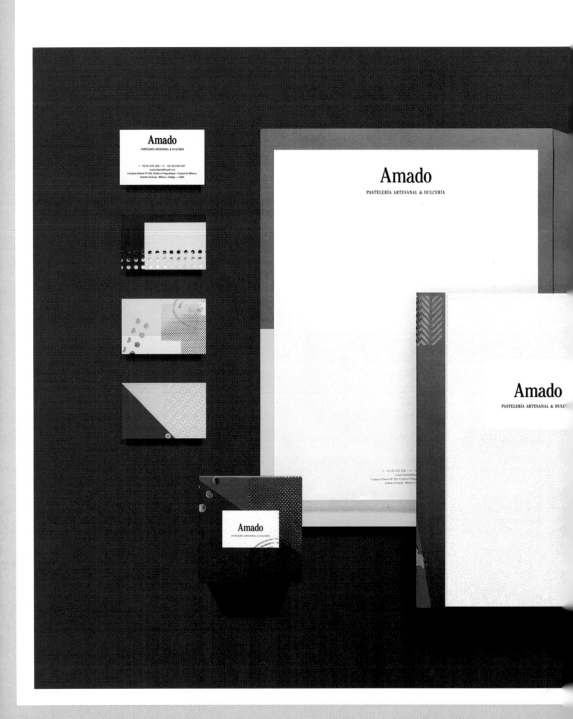

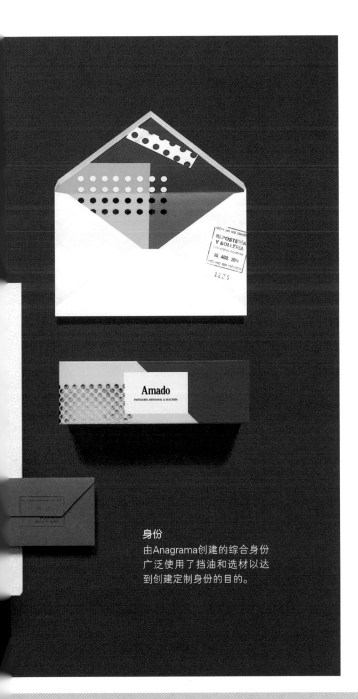

身份
由Anagrama创建的综合身份
广泛使用了挡油和选材以达
到创建定制身份的目的。

Anagrama 选择用基于建筑大师路易斯·巴拉甘作品的现代富有创新精神的解决方案来代替其他设计，因为路易斯·巴拉甘的作品可以用生动的色彩颜料来配合酸性色彩和整体的简洁。包装模拟光线的亮暗效果，用简约的几何形式呈现出品红、黄色和蓝色三种色彩，并且通过上光和烫箔金的自然特性对其进行改良。埃雷拉这样说："完成的作品触感带给人们材料与光照下色彩的不同对比度，而且并不是所有的材料都有相同的反射效果。那是一种你必须去看和触摸才能理解的东西，也就是说，你必须要对印刷材料给予特别的关注。"

对一些包装材料来说，其印刷规格包括六种潘通专色和一种金箔压印处理。设计工作一旦完成，重要的挑战之一就是找到有能力让该包装呈现出令人满意结果的印刷人员。他说："我们找到了能完全理解我们的印刷人员，这使我们取得了令人难以置信的好结果。设计代理机构与印刷人员之间的合作真的是太重要了。"

附录

　　印刷生产往往需要配合有标准尺寸的纸张和版式。此附录提供了国际通用的主要纸张标准尺寸和书籍所用版式的详细情况，同时也包含了主要标准屏幕尺寸的信息，除了印刷版本，还经常为许多设计工作提供数字版本。

Kunstnersamfundet

图片显示的是由Designbolaget为Kunstnersamfundet（丹麦艺术社团）创建的信息文件夹，在这当中采用不同的褶皱和色彩设计出不同的等级。不同颜色的承印物清楚地区分和突出了信息的不同类型。中间折叠起来的彩色部分展现了社会结构的关系图。

KUNSTNERSAMFUNDET

Kunstnersamfundet er et tværfagligt forum for diskussionen og samspillet mellem arkitektur og billedkunst. Det er et historisk fællesskab mellem skabere af den bundne og den frie kunst.

Som medlem af Kunstnersamfundet får du adgang til at deltage i Akademiets arbejde, som bl.a. er at rådgive staten i kunstneriske anliggender. Du kan på den måde være med til at påvirke kunstens aktuelle situation i Danmark, og du har mulighed for at opnå tillidsposter - ikke kun inden for Akademiets egne rækker, men også udenfor.

Akademiraadet udpeger nemlig blandt Kunstnersamfundets medlemmer repræsentanter eller rådgivere til vigtige og ansvarsfulde poster inden for kunstlivet - såvel offentlige som private organer. Eksempelvis udpeger rådet kunstkonsulenter til Universitets- og Bygningsstyrelsen og kunstnere til repræsentantskaberne i Statens Kunstfond og Kunstråd, Charlottenborg Kunsthal, Den Frie, Det Fynske og Det Jydske Kunstakademi, De Danske Institutter i Rom og Athen, Det særlige Bygningssyn, Statens Værksteder for Kunst og Håndværk samt diverse kunstmuseer og legatbestyrelser.

Et medlemskab af Kunstnersamfundet er derfor den direkte vej for arkitekter og billedkunstnere til at få indflydelse på kunstlivet.

Opbygning af netværk, kollegial bekræftelse, organisationsindsigt, faglige diskussioner, seminarer, konferencer og fester gør det desuden spændende og udviklende at være medlem af Kunstnersamfundet.

SOFIE HESSELHOLDT & VIBEKE MEJLVANG

"Vi har valgt at blive medlemmer af Kunstnersamfundet, da vi begge interesserer os for det fagpolitiske arbejde. Vi håber, at medlemskab af Kunstnersamfundet på sigt vil give større indblik og indflydelse i det kunstpolitiske liv."

"Barrikade" 2008
Plankeværk h. 3 m,
sort korsflag.

SØREN LETH

"....efter at have siddet i et udvalg under Akademiraadet stiftede jeg bekendskab med Kunstnersamfundet. Kunstnersamfundets jury opfordrede mig til at søge om optagelse, hvilket jeg gjorde. Primært fordi jeg tænkte, det kunne være en god måde til at udbrede kendskabet til mit arbejde, at udbrede mit netværk i de akademiske kredse og som en slags anerkendelse eller tillidserklæring til mit virke som arkitekt."

The National Museum of Art,
Architecture and Design,
Oslo, 2010.
SLETH.MODERNISM.

IVAN ANDERSEN

"Jeg har altid gerne villet være medlem af en loge."

"Tidens Skygge" 2007
Olie og akryl på
lærred, 150 cm x 200 cm.

标准尺寸

　　标准化的尺寸为选择配合在一起使用的产品格式提供了现成的方法，同时也为设计师和印刷人员提供了方便有效的手段来沟通、交流产品规格并控制成本。这里主要给大家展示美国、加拿大以及ISO体系的标准尺寸。

纸张和信封尺寸

　　标准化的尺寸为选择配合在一起使用的产品格式提供了现成的方法。

美国纸张标准

　　美国、墨西哥和加拿大与世界上其他国家不同，他们使用的是一套不同的标准尺寸。目前最通用的尺寸如右表所示。另外还有许多其他可使用的尺寸，在此不一一列举，但是这些尺寸在网上可以轻松获取。

　　还有很重要的一点需要提醒大家，美国出版物尺寸和裁切尺寸的规定格式为宽×高。

　　在北美纸张标准尺寸与国际纸张标准尺寸之间最为匹配的尺寸如下：

信纸（216mm×279mm），近似于A4纸，
法律文件（216mm×356mm），近似于A4纸，
执行书（190mm×254mm），近似于B5纸，
账册/小报（279mm×432mm），近似于A3纸。

北美纸张尺寸
以下所示为美国主要的纸张尺寸。单位为英寸。

格式	毫米[宽×高]	英寸[宽×高]
信纸	216×279	8.5×11
政府文书	203×267	8.0×10.5
法律文件	216×356	8.5×14
初级法律	203×127	8.0×5.0
账册	279×431	11×17
小报	431×279	17×11

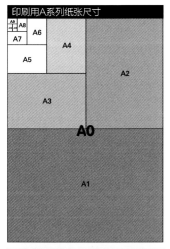

印刷用A系列纸张尺寸

格式	毫米[宽×高]	英寸[宽×高]
A0	841×1189	33.11×46.81
A1	594×841	23.39×33.11
A2	420×594	16.54×23.39
A3	297×420	11.69×16.54
A4	210×297	8.27×11.69
A5	148×210	5.83×8.27
A6	105×148	4.13×5.83
A7	74×105	2.91×4.13
A8	52×74	2.05×2.91
A9	37×52	1.46×2.05
A10	26×37	1.02×1.46

书籍用B系列纸张尺寸

格式	毫米[宽×高]	英寸[宽×高]
B0	1000×1414	39.37×55.67
B1	707×1000	27.83×39.37
B2	500×707	19.69×27.83
B3	353×500	13.90×19.69
B4	250×353	9.84×13.90
B5	176×250	6.93×9.84
B6	125×176	4.92×6.93
B7	88×125	3.46×4.92
B8	62×88	2.44×3.46
B9	44×62	1.73×2.44
B10	31×44	1.22×1.73

信封用C系列纸张尺寸

格式	毫米[宽×高]	英寸[宽×高]
C0	917×1297	36.1×51.1
C1	648×917	25.5×36.1
C2	458×648	18.03×25.5
C3	324×458	12.8×18.03
C4	229×324	9.02×12.8
C5	162×229	6.38×9.02
C6	114×162	4.49×6.38
C7	81×114	3.19×4.49
C8	57×81	2.24×3.19
C9	40×57	1.57×2.24
C10	28×40	1.10×1.57
DL	99×210	3.7×8.3

ISO国际标准

正如上表所示，ISO国际标准为世界上所有的其他国家提供了多种互补的纸张大小，目的就是为了最大限度地满足广大的印刷需求。一般来说，A系列尺寸的纸张用于海报、技术制图、杂志、办公室用纸、便签以及明信片等；B系列尺寸的纸张用于书籍印刷，而C系列尺寸的纸张则用于信封印刷，这些信封都可以装以A系列尺寸纸张所印刷的产品。

DL信封标准

DL信封可以很合适地将水平平行折叠两次的A4纸张放置其中。这种信封和DL赠礼便条都和A4纸张的宽度是一样的。

标准办公格式

名片的标准尺寸是ID-1格式，尺寸为85.60 mm×53.98mm（3.370英寸×2.125英寸）。另外一种被大众接受的格式为A8（52mm×74mm）。

制卡以及会员卡系列

这两种系列的纸张同样也是根据国际标准来规定尺寸的，并且是比A系列的纸张稍大一些的纸张，印刷人员将它们用于抓纸、切边以及出血版的印刷。为了生产一张A1（594mm×841mm）的全出血海报，我们需要将设计稿印在一张SRA1（900mm×640mm）的单张纸上，这种纸张比A1标准纸张更大，所以方便裁切成最终的成型尺寸。

书籍和海报的尺寸

标准格式提供了现成的各种尺寸以供设计师进行多种选择，书本和海报通常都是按照这样的格式来印刷出版的。

标准海报尺寸

海报也有标准尺寸可以使它们的印刷生产更加简便。A系列海报体系是基于大约762mm×508mm的单张纸来设计印刷的。在该体系内，以其为基础，可以扩充生产多倍其他尺寸的纸张，例如六倍纸（1524mm×1016mm），由于其简洁的尺寸使其成为最为广泛使用的户外纸张版式。这个体系中的其他多倍标准纸张为十二倍纸（1524mm×3048mm），四十八倍纸（3048mm×6096mm）（标准广告牌尺寸，可以提供在风景取向上的200平方英尺的展示空间）以及九十六倍纸（3048mm×12192mm）。

另外两种广泛使用的版式是欧洲版式（3048mm×3962mm），这种正方形的版式在欧洲很受欢迎，但是它与四十八倍和九十六倍纸的广告牌拥有相同的垂直尺寸；另一种是黄金正方形（6096mm×6096mm），也是一种正方形版式，通常用于夜间照明，通过打破标准矩形尺寸的边界，并通过其完全的尺寸，有助于提高观看者的注意力。

标准A系列尺寸海报				
	毫米[宽×高]	英寸[宽×高]		
A0000	1682×2378	66.2×93.6	单倍纸	
A00	1189×1682	46.8×66.2	两倍纸	
A0	841×1189	33.11×46.81	四倍纸	四张双冠纸
A1	594×841	23.39×33.11	十二倍纸	三张并排四倍纸
A2	420×594	16.54×23.39	十六倍纸	2×2四倍纸
A3	297×420	11.69×16.54	三十二倍纸	4×2四倍纸
A4	210×297	8.27×11.69	四十八倍纸	6×2四倍纸
A5	148×210	5.83×8.27	六十四倍纸	8×2四倍纸
A6	105×148	4.13×5.83	九十六倍纸	12×2四倍纸
A7	74×105	2.91×4.13		
A8	52×74	2.05×2.91		
A9	37×52	1.46×2.05		
A10	26×37	1.02×1.46		

标准书尺寸

书籍有许多种类的标准尺寸，为处理不同形式的图片和文字内容提供了各种各样的版式规格，如下表所示。书籍的版式是由构成书页纸张的初始纸张尺寸和成书前被折叠次数而决定的。对开纸张由全张纸对折而形成，四开纸张由全张纸对折两次，八开纸张由全张纸对折三次等。

基于这些标准纸张的尺寸规格，书籍的尺寸就对应体现出了一页纸张的数学关联性。现代书籍的尺寸多种多样，但通常都与这些标准尺寸相关联。例如以下所示的书，它与英制度量衡下的八开纸高度一样，但宽度更宽。

根据美国标准，出版书籍尺寸为宽×高，其他地区则是高×宽。

英国书籍通用尺寸		
精装书尺寸	**毫米 [宽×高]**	**英寸 [宽×高]**
1　冠四开本	189×246	7 7/16×9 11/16
2　冠八开本	123×186	4 13/16×7 5/16
3　大冠四开本	201×258	7 7/8×10 3/16
4　大冠八开本	129×198	5 1/16×7 13/16
5　德米四开本	219×276	8 5/8×10 7/8
6　德米八开本	138×216	5 7/16×8 1/2
7　皇家四开本	237×312	9 5/16×12 1/4
8　皇家八开本	129×198	5 1/16×7 13/16

美国书籍通用尺寸		
精装书尺寸	**毫米 [宽×高]**	**英寸 [宽×高]**
1　对开本	300×480	12×9
2　四开本	240×300	9 1/2×12
3　八开本	150×230	6×9
4　十二开本	121×190	5×7 3/8
5　十六开本	100×170	4×6 3/4
6　十八开本	100×160	4×6 1/2
7　二十四开本	90×140	3 1/2×5 1/2
8　四十八开本	65×100	2 1/2×4

按需印刷

按需印刷使书籍生产印刷的周期大大缩短。按需印刷所使用的印刷机利用标准纸张尺寸进行印刷，因此标准尺寸的书籍可以采用按需印刷来实现。

因按需印刷生产周期短，且具有定制印刷的特性，所以也可将其使用在使非标准书籍的印刷中。

美国按需印刷尺寸（英尺）	
5×8	8×8
5.06×7.81	8×10
5.25×8	8.25×11
5.5×8.5	8.268×11.693
5.83×8.27	8.5×11
6×9	8.5×8.5
6.14×9.21	
6.69×9.61	
7.5×9.25	
7.44×9.69	
7×10	

屏幕尺寸

随着智能手机以及平板电脑市场的迅速发展，除了传统电脑显示器的屏幕尺寸，设计各种不同尺寸屏幕已成为无可争辩的事实。拥有智能手机的人们已经习惯于观看高分辨率的图像和光滑的滚动屏幕。设计师必须要清楚屏幕的潜在能力和潜在用户的期望值，并利用人口统计学原理来了解如何根据不同潜在用户的期望值来设计屏幕尺寸，只有这样的设计才是最受广大目标用户欢迎的设计。

分辨率和像素

技术的不断进步与发展使得设计师们备受人们期待，这就要求他们必须设计出有更广泛范围分辨率的屏幕。平板电脑和智能手机上应用软件数量的迅速增加，说明我们从网络上获取了越来越多的内容，但并不仅仅局限在通过网页获取，一份来自2014年10月运销商泰克曼的研究发现，在英国，普通人在一天中平均使用3小时16分钟手机。而2014年4月电子市场分析人员声称，美国成年人每天平均使用5小时46分钟的数字媒体。然而，这就要求设计师们必须越来越多地完成手机与显示器双方面的设计。

w3school.com网站的开发者说，99%的网站访问者用的设备屏幕分辨率为1024×768像素或者更高，但实际上他们的屏幕分辨率有很宽范围可选。除了不同分辨率和长宽比，不同设备上的像素甚至也是不连续的，因为这需要根据它们的密度不同来确定——像素点的大小和它们之间的空间容量。那如此多的变化，从哪里开始呢？设计师总是首先为目标用户进行设计，因此设计出的设备或者屏幕的类型也是最通用的。许多手机浏览器用户，尤其是相当一部分20岁以下的年轻人，很可能只通过手机客户端登录网站，而几乎不使用台式机、笔记本电脑或平板电脑登录网站。

因此只设计一个看起来满足所有浏览器、平台和屏幕分辨率的网站几乎是一件不可能的事情，所以设计师应该做的是优化他们的设计，以便达到目标客户最适用的分辨率，虽然想找出这个最适用分辨率并不是一件容易的事。你能开发出这样一个既能满足公司内部使用大屏幕显示器，又可以让年轻人通过智能手机轻松登录的网站吗？

虽然陷于屏幕分辨率范围的纠结似乎让人沮丧，但采取务实的态度来处理不失为一个好办法。举例来说，1024×768的分辨率是目前一段时间内使用最广泛的屏幕尺寸，这就是一个非常好的起点。你还可以使用扩展和收缩的百分比宽度，来设计一款可调分辨率的屏幕，以适应浏览者的浏览器设置，或设计一款高灵敏度的分辨率可调方案，以达到几乎相同的效果。这是什么意思呢？就是说你设计了1024×768的分辨率，同时还可以确保它轻松转换到另一个分辨率设置状态下。

要想做出方便实用的设计，不仅需要对设备分辨率有极高的认知，还要对设备本身如何使用有深入的了解。这是台式电脑还是手持式电脑？此设备是在一个环境下运行还是多个环境下运行？对目标用户和他们所使用的设备进行深入调研，对设计师来说是非常宝贵的设计财富。绝大多数设计师设计他们的作品时所使用的台式电脑屏幕很可能是像素密度72分辨率或者96分辨率。这些电脑和目标客户的设备一样吗？显而易见不一样。所以设计师需要把典型用户的屏幕分辨率密度考虑进去以确保触摸因素匹配人类的手指并可以被该设备识别。在实践中要想实现这一目标，意味着目标设备从早期雏形阶段的发展至关重要的，这样可在发展过程中发现一些可能遗漏掉的台式机显示器设计缺陷。

英国台式电脑，平板电脑和控制台屏幕分辨率（2015年2月~4月）
1366×768
768×1024
1920×1080
1280×800
1440×900

美国台式电脑，平板电脑和控制台屏幕分辨率（2015年2月~4月）
1366×768
1920×1080
1024×768
1280×800
1440×900

印刷专业术语表

　　印刷生产具有丰富的专业词汇来描述不同的工艺过程、属性和特性。这些术语的应用知识对于确保设计专业人员、印刷人员、供应商和客户之间的准确沟通至关重要。

　　此词汇表旨在定义一些最常用的术语，包括那些经常混淆或使用不当的术语。对这些术语的领会和理解将有助于大家更好地理解和阐明印刷生产过程。

绝对度量
一种有限的固定值，如毫米。

装订
一种将印刷稿件组成的各种页面收集起来，并牢固地结合在一起形成出版物的过程。

位图
由像素网格组成的栅格图像。

移位
这是一个套准问题，发生在非彩色印刷区域与深色印刷区域毗邻的区域。

限位框
围绕数字图像的方框，可以通过调节锚点拉伸扭曲图像。

明度
表明一0种颜色的深浅的量度，也称为值。

厚度
书芯的宽度。

点亮
一种图像处理技术，调亮了色调。

千分尺
测量承印物的厚度或体积。

通道
存储数字图像的色彩信息路径。

裁剪路径
用于分离图像区域的矢量线。

CMYK
减色法原色，作为四色印刷过程中的色彩。

色偏
与图像中的主导颜色不协调一致。

色彩校正
优化色彩显示，去除色偏的技术。

色彩管理
通过不同阶段的印刷过程控制色彩转变的过程。

比色刻度尺
用精确色彩印刷的标有刻度的参考色卡，以保证在扫描时色彩的准确再现。

色彩空间
一个图形设备可以再现的色彩数组。

曲线
用于定义图像色彩和色调的可调图形。

景深
距焦点前后最远范围内还可以清晰看到物象的距离。

模切
使用钢模将装饰的承印物切掉。

数字印刷
直接用数字印刷机输出印品的短版印刷方式。

局部遮光
一种将色调调暗的图像处理技术。

网点扩大
在印刷过程中，在承印物上的油墨网点会扩散和放大。

Dpi
每英寸点数，是屏幕上或印刷页面上图像分辨率的量度。

双色调、三色调和四色调
色调图像是由一个单色调的原始图像开始逐渐产生出双色调图像、三色调图像和四色调图像。

双工
将两种不同的承印物粘结在一起形成一种承印物，这种新的承印物两面拥有不同的特性。

Em
一个印刷上的相对度量单位，与字体大小有直接关系。

凸压和凹压
用钢模将其上的设计图文压印到承印物上以产生一种装饰性凸起或凹陷的表面。

En
一个印刷上的相对度量单位，与字体大小有直接关系，等于Em的一半。

衬纸
在精装书中，保护文本块不受封面纸板影响的页面。

勒口
书籍封面或书皮的延伸部分，能够折回来，塞到出版物的内部。

烫箔
一道通过热模具将彩色金属箔压印到承印物上的印后加工工序。

折页
把一个印张转变为更紧凑的形式或识别标志的不同方法。

四色黑
当所有四原色互相叠加到一起时形成的黑色。

色域
每一种可以用某一特定装置产生的可能色彩组成的色彩集合，如RGB和CMYK。

梯度
一种或多种色彩逐渐增加的等级。

灰度级
一种由不同水平的白色和黑色构成的色调尺度，用来将连续色调的彩色照片转换成近似灰度级图像。

半色调
由半色调网点构成的图像，通过印刷连续调图像筛选产生。

上下端堵头布
保护图案或彩色带，在精装书装订时是组成书芯的一部分。

色相
一种由不同波长的光线形成的独特色彩。

拼版
在裁切、折页和修剪之前，页面将按照一定的顺序和位置进行印刷。

插值法
计算机程序在像素尺寸或印刷尺寸/分辨率发生变化后用来再生图像的几个过程之一。

层压
一层塑料涂层，它被热封在承印物上以产生光滑和不渗透的印后加工效果。

激光切割
使用激光在承印物上切割复杂的形状。

图层
不同层次的数字图像可以单独进行处理。

布局
在设计中形式与空间的管理。

线条稿
没有色调变化、填充颜色或阴影的图像，不需要进行印刷筛选。

掩膜
一种用于混合不同图像的渐变层或滤镜。

莫尔条纹
一种由低劣的半色调加网版排列不合适引起的干扰图案。

中性灰色
一种由50%青色、40%品红和40%黄色组成的颜色，使用这种颜色可以使设计师通过提供中性的对比更精确地看到图像中色彩的平衡。

叠印
一种油墨叠印到另一种油墨上，混合后形成不同的颜色。

纸张纹理
在纸张抄造过程中纸张纤维的排列顺序。

视差
当从不同角度看到物体时会出现的位移视觉效果。

孔状接缝
在承印物上切割后允许分离切割部分或创造一种装饰效果。

皮卡
是一个印刷上的绝对度量单位，一皮卡等于12点。一英寸包含6皮卡。

像素
在计算机显示器或数字图像中可编程颜色的基本单位。一个像素或图片元素的物理大小取决于分辨率设置。

磅
印刷测量的绝对单位。一英寸有72pt。

Ppi
每英寸像素数，是屏幕分辨率的量度。

印刷
通过施加压力将油墨或光油从印版上转移到承印物上的几个工艺流程之一。

打样
用于印刷生产流程中的各种测试，以确保精确再现。

光栅
一种由像素组成的固定图像分辨率的网格。

正面/反面
将书籍展开后的左手页和右手页。

套准黑色
黑色是由印刷四原色（青色、品红色、黄色和黑色）100%叠印得到的。

相对度量
一个根据关键参考确定的值。

分辨率
在数字图像中包含的像素数，表示为PPI。

翻转
在实地色块中设计的未印刷区域。

RGB
白光的加色法三原色。

深黑色
一种使用看版台来阻止套准移位问题

的黑色。

饱和度
一种颜色的纯度以及它包含的灰色量，也称为色度。

扫描
一种通过这种过程将图像或艺术品转变成电子文档的工艺流程。

看版台
三原色底印加强黑色并防止套印错误。

特殊字符
当使用标准字符设置出现问题时，可能需要用到的印刷符号。

随机印刷
使用不同的网点大小和随机位置以避免莫尔条纹的出现。

承印物
印刷稿件印刷在其上的基底。

文本块
印刷好出版物署名或各部分的书芯。

热熔印刷
这是一道印后加工工艺，通过在熔炉里融化热熔色粉并将其附着于设计作品上以产生凸起文字。

色调
一种用不同大小的半色调网点以百分之十递增的实地色印刷的颜色。

光油
一种用于涂布印刷好的稿件以保护和增强其视觉外观的无色涂层。

矢量
由数学公式或路径而不是像素定义的分辨率独立和可伸缩的图像。

网页安全字体
一种可以由普通操作系统，例如Windows和Mac OS显示的字体。

Z形装订
一种将两个书芯装订到一个Z形封面里的装订方式。

索引

致谢

　　我们要感谢所有为此书作出贡献的设计工作室，他们慷慨地为本书第二版提供了他们的工作实例，尤其要感谢那些提供案例研究的个人及团体，他们非常愿意提供在他们的工作和设计决策过程中的感悟和体会。最后感谢在布鲁姆伯利的所有工作人员，正是他们的帮助、耐心和支持才使得此书得以问世。特别感谢肖恩·布伦南在本书辅助材料方面的工作。

　　在这本再版书中，所有合理的尝试都是为了澄清著作权人的许可和信誉。但是，如果无意中有任何的遗漏，出版商将努力在将来的版本中将其纳入修订版中。